未確認動物調査日記
河童は実在した！

未確認動物調査日記
河童は実在した！

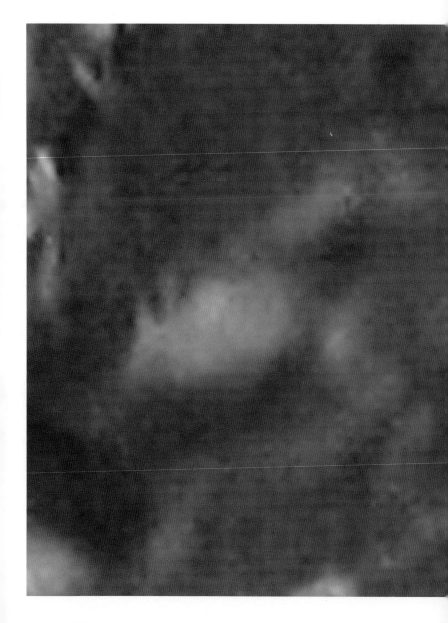

未確認動物調査日記
河童は実在した！

未確認動物調査日記
河童は実在した！

未確認動物
unidentified animal
調査日記

河童は実在した！

宮本一聖

はじめに

　近年、「超常現象」の分野では「未確認生物」とか「未知動物」というものが取り上げられ、注目を集め多くの書籍やグッズが作られ、不思議な盛り上がりをみせている。インターネットでも華やかに情報が飛び交っている。しかし、それらに並行して「オカルト」という言葉が目立って使われるようになってきている。「オカルト」という言葉は元々「神秘的な」意味で使われていたものだが、最近では「一般的でない知識」を表す言葉に捉え方が変化し、「超常現象」に関連するものの説明に併用して使われることがある。

　いにしへの時代からの重みがあった言葉が、軽くなったようにも感じとれてしまう現象は、証拠の薄いものに対する情報社会の敏感な反応だと筆者は考えている。テレビや動画サイトでも、これらの話を面白く取り上げはするものの、「未確認」や「未知」と呼称されているとおり、本当にいたのか？　いなかったのか？　ＣＧなのか？　どこから仕入れたものなのか？　はっきりした答えがほとんど述べられず終いで、物足りなさを感じている。

　そのような状況の中で、筆者は7年に渡り一般的でないかもしれないと考えつつも「未確認動物」を追いかけ続け、本書作成に至った。本書出版の主目的は身近で目撃されている「未確認動物」の存在の有無の証明にあり、筆者の身近で起こっている「未確認動物」の出没情報を元に「未確認動物」調査を実施し、実際に撮影された「未確認動物」の写真と目撃者の証言などを紹介、照合、解析、考察を行い実在の可能性を追求するものである。現在「未確認動物」

といわれているものは多種多様なものがあるとされているが、筆者が調査対象としているのは「未確認動物」でも「水棲生物」に分類されている「河童」である。

本書では、その他に「天狗」なのか？「妖精」なのか？「幽霊」なのか？「宇宙人」なのか？　区別が付かない謎の動物らしきものが複数登場するが、慎重、かつノンフィクション的なスタンスで、それらの容姿や特徴の比較検討を行い、未知のベールを１枚１枚剥ぎ取りながら真実に迫って行く調査記録としてもご堪能いただきたい。

フリー百科事典『ウィキペディア（Wikipedia）』の「未確認生物一覧」によると、河童については水棲生物（水棲系の生物）に分類されているが、天狗、烏天狗はその記述はない。また、標準和名とされている「かっぱ（河童）」について、実在の確認されていない生物に「標準和名」があるのはおかしいという意見もある。そのため「天狗」、「烏天狗」という呼び名も実在が確認されていないかぎり、「標準和名」とするのはおかしいということになるのである。

また、河童や天狗が日本の未確認動物や未確認動物の一種という分類ではなく人型の妖怪の分類であるという意見もある。いずれも未確認が引き起こしたパラレル現象かもしれないが、本書完成によりこれらのモヤモヤ感が少しでも打破されることを期待したい。

次に超常現象について、私たち人類が生活していく上で現代科学や常識で説明がつかない理解不能な不思議な現象を思わぬところで体験することがある。それらがリアルタイムだけでなく、写真やビデオなどにより、暫く時間を経過してから発見される事も多いと思われる。現代人はいま

だに神の域、禁断の世界として恐れ、多くの人は常識に拘り、下手な関わり合いを持たないよう避けているのではないだろうか？　また、このような現象を知らず知らずのうちに「超常現象」という呼称で表現し、いかにもわかっているかのように見せかけたり、思い込んだりしているのではないだろうか？さらに、一部では「超常現象」として処理しなければ社会的影響が生じるものも取り扱われているのではないだろうか？　と筆者は感じている。

　超常現象は時として、人間業を遙かに超えたテクノロジーを持った者の存在を想像させる現象がある。そのひとつが未確認飛行物体と呼ばれているものだと筆者は理解している。本書では未確認飛行物体と呼ばれているものを操縦あるいは搭乗していると疑われている宇宙人（グレイタイプ、レプティリアンタイプ）の動物が登場するが、調査途上の暫定的な表現であると、ご理解とご配慮願いたい。

　本書を読むにあたって、聞き慣れない専門用語が多々登場するかと思う。その代表的な言葉でもある宇宙人、オカルト、鬼（おに）、河童（かっぱ）河伯（かはく）、烏天狗または鴉天狗（からすてんぐ）、グレイ（Greys）、壇ノ浦の戦い（だんのうらのたたかい）、天狗（てんぐ）、ヒト型爬虫類（ヒトがたはちゅうるい）、人魂（ひとだま）、超常現象（ちょうじょうげんしょう）、未確認動物（みかくにんどうぶつ）、未確認飛行物体（みかくにんひこうぶったい）、ＵＭＡ（ユーマ）、幽霊（ゆうれい）、妖精（ようせい）、水棲生物（すいせいせいぶつ）について、フリー百科事典『ウィキペディア（Wikipedia）』と『eblio 辞書』を引用して以下のとおり抜粋して簡単に紹介する。

■ 解説 ■

1. 宇宙人（うちゅうじん）

　地球外生命のうち人類と同程度、または人類より高い知性を持つものの総称。エイリアン（alien）、異星人（いせいじん）と呼ばれることも多い。一時期「EBE（イーバ、Extra-terrestrial Biological Entities、地球外生命体）」と呼ばれた事もある。一般には、地球人の対義語である。ただし、宇宙へ行った地球人のことを指すこともある。日本語の宇宙人という語を字義的に解釈すると、この宇宙に住む知的生命を指し、われわれ人類を含むとする場合もある。

（1）レプティリアン

　爬虫類のような姿をした凶悪な性格の人間型の「エイリアン」。人間に変身する能力があるらしくすでに政府要人や有名人などに成りすましているといわれている。その姿はアメリカのテレビドラマ『V』という作品に出てくる宇宙人"ビジター"と酷似しているという。

（2）ノルディック

　グレイとは大きく異なり、外見は人間と見間違えてしまうほど、人間に似通っている。スカンジナビア半島の白人に似たような姿をしているといわれている（要文献）。

2. オカルト

・[形容詞] 神秘的な、密教的な、魔術の、目に見えない。
・[名詞] 秘学、神秘（的なこと）、超自然的なもの。

　とある。ラテン語: occulere の過去分詞 occulta（隠されたもの）を語源とする。単に「一般的でない知識」まで「オカルト」と呼ばれることが多い。

3．鬼（おに）

　日本の妖怪。民話や郷土信仰に登場する悪い物、恐ろしい物、強い物を象徴する存在である。

4．河童（かっぱ）

　日本の妖怪、伝説上の動物、または未確認動物。標準和名の「かっぱ」は、「かわ（川）」に「わらは（童）」の変化形「わっぱ」が複合した「かわわっぱ」が変化したもの。河太郎（かわたろう）ともいう。ほぼ日本全国で伝承され、その呼び名や形状も各地方によって異なる。

5．河伯（かはく、ホーポー、Hébó）

　中国神話に登場する黄河の神。日本では、河伯を河童（かっぱ）の異名としたり、河伯を「かっぱ」と訓ずることがある。また一説に、河伯が日本に伝わり河童になったともされ、「かはく」が「かっぱ」の語源ともいう。河伯は人の姿をしており、白い亀、あるいは竜、あるいは竜が曳く車に乗っているとされる。あるいは、白い竜の姿である、もしくはその姿に変身するとも、人頭魚体ともいわれる。

6．烏天狗または鴉天狗（からすてんぐ）

　大天狗と同じく山伏装束で、烏のような嘴をした顔、黒い羽毛に覆われた体を持ち、自在に飛翔することが可能だとされる伝説上の生物。小天狗、青天狗とも呼ばれる。

7．グレイ（Greys）

　空飛ぶ円盤や宇宙人来訪に関係する雑誌記事やテレビ番

組の中で、よく取り扱われる宇宙人（異星人、エイリアン）のタイプのひとつである。アメリカでは宇宙人による誘拐（アブダクション）事件など、目撃報告が多数ある宇宙人でもある。

8．壇ノ浦の戦い（だんのうらのたたかい）

　平安時代の末期の元暦2年/寿永4年3月24日（1185年4月25日）に長門国赤間関壇ノ浦（現在の山口県下関市）で行われた戦闘。栄華を誇った平家が滅亡に至った治承・寿永の乱の最後の戦いである。

9．地底人（ちていじん）

地下の空間に生息する架空の人間以外の人類的生物のこと。多くのＳＦ作品などに登場するほか、伝承にも登場するが、実在しているとは立証されていない。さらに、地下空間に造られた空間に住んでいる人のことを一概に地底人と呼ぶことはない。

10．天狗（てんぐ）

　日本の民間信仰において伝承される神や妖怪ともいわれる伝説上の生き物。一般的に山伏の服装で赤ら顔で鼻が高く、翼があり空中を飛翔するとされる。俗に人を魔道に導く魔物とされ、外法様ともいう。また後白河天皇の異名でもあった。

11. ヒト型爬虫類（ヒトがたはちゅうるい、Reptilian humanoids）

　神話、フォークロア（伝承）、ＳＦ、および現代の陰謀説に散見されるモチーフのひとつである。ヒト型爬虫類は地球上でヒトと並行して進化した存在であるとされるが、他にも地球外生命（ET）や超自然的存在あるいは超古代文明（人類出現以前の文明）の生き残りなど様々な説もある。「レプティリアン・ヒューマノイド」も一般的な名称である。和名に一般的なものはないが、「レプティリアン」（reptilian）は、「爬虫類」を意味する「レプタイル」（reptile）の形容詞形であり、本項目では「爬虫類に属する」という意味で解釈する。また、「ヒューマノイド」（humanoid）は、名詞で「人間の形をしたもの」という意味がある。以上より本項目では、英名を「人間のような姿をしているが、爬虫類的要素をもつ正体不明の生物」と解釈し、「ヒト（人間の学名）型の爬虫類」と呼ぶことにする。

12. 人魂（ひとだま）

　主に夜間に空中を浮遊する火の玉（光り物）である。古来「死人のからだから離れた魂」と言われており、この名がある。

13. 超常現象（ちょうじょうげんしょう、Paranormal Phenomena）

　現在までの自然科学の知見では説明されない現象を指す。特殊な能力を持つとされる人間が関わっているもの（予知、透視、念写など）や、偶然では説明がつきそうにない

出来事（心霊写真、妖精、妖怪など）や不思議などが含まれる。超常は、かつて宗教の分野だとされてきた諸現象を自然科学の対象とする上での必要性から生じた超自然の言い換え語なのではないかという指摘もある。

14. 未確認動物（みかくにんどうぶつ）

存在の可能性があり、噂などで知られていながら生物学的に確認されていない未知の動物のことである。

15. 未確認飛行物体（みかくにんひこうぶったい）

その名のとおり何であるか確認されていない飛行体のこと。「Unidentified Flying Object」（アナイデンティファイド・フライング・オブジェクト）の頭文字をとってＵＦＯ（ユーフォー、ユー・エフ・オー）と呼ばれる。本来アメリカ空軍で用いられている用語で、主として国籍不明の航空機などに用いられている。進路を見失った飛行機や他国のスパイ機、さらにはミサイルの可能性があるので、スクランブル（緊急発進）の対象となる。必ずしも物体ではなく、自然現象を誤認する場合もあるため、未確認空中現象（Unidentified Aerial Phenomena、UAP）が用いられることもある。本来的は上記のような用語であるが、ある種のテレビ番組や雑誌では空飛ぶ円盤、宇宙人（エイリアン）の乗り物（エイリアン・クラフト）の意味で「ＵＦＯ」が用いられているケースが多い。

ここで出てきた言葉で、「エイリアン」とは、「宇宙人」の別名である。

16. UMA（ユーマ）

『UMAという呼称は、英語で「謎の未確認動物」を意味する Unidentified Mysterious Animal の頭文字をとったもの』である。

17. 幽霊（ゆうれい）

　死んだ者が成仏できず姿をあらわしたもの。
　死者の霊が現れたもの。

18. 妖精（ようせい）

　英語で fairy または faeryfairy、西洋の伝説、物語などで見られる、自然物の精霊。主としてフェアリーの訳語である。中国では、もともと妖怪や魔物を指して使われていた。ここまで、フリー百科事典『ウィキペディア（Wikipedia）』を引用。

19. 水棲生物（すいせいせいぶつ）

　別名：水生生物は、英語で aquatic organism、水中または水辺に生息する生物の総称。
ここまで、eblio 辞書引用。

　以上のインターネットの情報は正確さを追求するため日々改変、削除が繰り返されているため、現時点の情報として取り扱っていただきたく、さらに、以下のとおり未確認動物などの情報は未確認が故に情報に不明瞭なところが幾つか見受けられるので、この点もご理解とご配慮の程、宜しくお願いしたい。

前述のフリー百科事典『ウィキペディア（Wikipedia）』を用いた解説で７．のグレイ（Greys）は宇宙人扱いされているにも関わらず、水棲未確認動物の河童疑惑も浮上している。解説の１．（１）と11．のヒト型爬虫類は通称名レプティリアンあるいはレブタリアンとも呼ばれ、元になる資料に現実性が乏しいにも関わらず、複数の種類に分類され、地球上の生物または宇宙人扱いもされている。

　本書では解説の１．７．11．に似ている未確認動物が写真入りで登場するが、これらについて前述の不明瞭な部分が少しでも正確になるきっかけとなればと期待している。

　念のためだが、「妖怪」や「民話」の話について、本書ではあまり取り上げていないが、筆者が意図的に敬遠したわけではなく、反対に古い時代からの未確認動物情報を含めた多くの言い伝えなどを、後世の人々に伝えるために残した先人たちの努力と知恵の結晶の貴重な資料として、厳粛に受け止めているのは確かだ。

2016年 3月30日
宇宙・科学・超常現象研究家
宮本　一聖

未確認動物調査日記
河童は実在した！

未確認動物調査日記　目次

　　　　　　未確認動物グラビア・・・・・・・・・*001 - 008*
　　　　　　はじめに・・・・・・・・・・・・・・*011- 020*

第1章　　未確認動物との出会い・・・・・・・・*023 - 030*
　　　　　　●伝説の河童出現！？・・・・・・・・・*023 - 030*

第2章　　未確認動物の調査とＵＦＯ写真・・・・*031 - 035*
　　　　　　●空に現れた未確認動物の頭・・・・・・*031 - 032*
　　　　　　●空に現れた異次元の窓の謎・・・・・・*033 - 035*

第3章　　水神様の祠調査と未確認動物・・・・・*036 - 042*
　　　　　　●河童軍団との運命の出会い・・・・・・*036 - 042*

第4章　　未確認動物と異次元空間の考察・・・・*043 - 050*
　　　　　　●未確認動物の前に現れた四角い空間・・*043 - 045*
　　　　　　●異次元の窓を開けた瞬間・・・・・・・*046 - 048*
　　　　　　●謎の動物による異次元への拉致事件！・*049*
　　　　　　●グレイはスパイ宇宙人か？・・・・・・*049 - 050*

第5章　　未確認動物と火の玉の考察・・・・・・*051 - 054*

第6章　　衝撃！河童参上！！・・・・・・・・・*055 - 060*
　　　　　　●背後から忍び寄る謎の動物・・・・・・*058 - 060*

第7章　　未確認動物の目撃者調査・・・・・・・*061 - 064*
　　　　　　●河童目撃者との出会い・・・・・・・・*061 - 064*

第8章	未確認動物の足跡調査・・・・・・・・・	*065 - 066*
第9章	体験者が語る河童の話・・・・・・・・・	*067- 076*
	●伝説となった河童の実話・・・・・・・	*067 - 069*
	●河童の可能性がある話・・・・・・・・	*070 - 072*
	●興味を注がれる体験談・・・・・・・・	*073 - 074*
	●河童の実在が発表されなかった理由・・	*074 - 075*
	●未確認動物調査関係者の異変・・・・・	*076*
第10章	調査と考察のまとめ・・・・・・・・・・	*077 - 088*
	●未確認動物は野生的な動物・・・・・・	*077 - 081*
	●未確認動物・河童の特徴について・・・	*082 - 083*
	●未確認動物出現場所の検証・・・・・・	*084 - 085*
	●異次元の世界の謎・・・・・・・・・・	*086*
	●2つの物体のふしぎな共通点・・・・・	*087*
	●今回の調査結果・・・・・・・・・・・	*088*
第11章	未確認動物と超常現象との接点と課題・・	*089 - 108*
	●異次元の窓の共通点・・・・・・・・・	*089 - 090*
	●河童は綺麗な女性にも化ける？・・・・	*091 - 097*
	●河童とUFOの共通点・・・・・・・・	*098 - 105*
	●UFO＆河童おじさん・・・・・・・・	*106 - 108*
第12章	今後の調査について・・・・・・・・・	*109*
	●今後の調査目標・・・・・・・・・・・	*109*
	おわりに・・・・・・・・・・・・・・・	*110- 111*

未確認動物調査日記
河童は実在した！

◆未確認動物出没場所付近の写真◆

第1章　未確認動物との出会い

●伝説の河童出現！？

　その日、筆者は自然の風景を写真撮影するため、標高３００メートル程の山に出かけていた。場所は長崎県の西方の海上に位置する五島列島の中通島の小さな田舎町の山奥だ。この付近は地元の郷土史にも紹介されているが、昔から有名な河童伝説があり、知らず知らずのうちに筆者は伝説の河童が出没した某水源地の上流に当たる地域に近づき写真撮影をしていたのだ。

　この時持参し撮影に使っていたカメラは、当時まだ普及の段階でもあったフイルムを使わないデジタルカメラとい

う便利なもので、筆者はそのデジタルカメラを片手にメモリー残量を気にしながらも、目に止まったものを手当たりしだい撮影したのだった。

　この撮影で不思議な物体が写っていたことを知ったのは、それから一ヶ月程経った2006年6月はじめの頃だった。風景写真を1枚1枚丹念に確認していると何やら風景に似合わない青白い小さな物体が非常に目立って写っていたのに目が止まったのだ。自然の風景では見かけない色であるのを不思議に思い、パソコンで画像処理ソフトを使い、その不思議に感じた色の部分を拡大してみた。すると、世間でいうグレイタイプの宇宙人みたいな物体が写り込んでいたのだ。

◆写真1－A◆

未確認動物調査日記
河童は実在した！

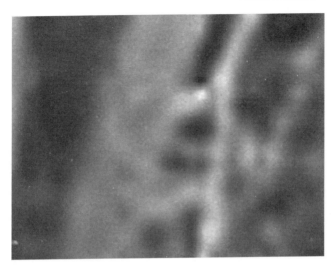

◆写真1-A-1◆

◆イメージ1-A-2◆

写真１－Ａは2006年５月１日12時８分２秒に撮影したもので、不鮮明であるが丸で囲った部分の木の隙間からこちら側の撮影者を見ている、肌色の動物らしきものが確認できる。やはりテレビや雑誌で見るようなグレイタイプの宇宙人のような物体が写っているように見えた。写真１－Ａ－１は丸で囲った部分を拡大したものであるが、念のため、写真１－Ａ－１を元に鉛筆書きのイメージ１－Ａ－２を作成してみた。

　やはり、木の隙間から大きな片方の目がこちら側を見ているグレイタイプの不思議な動物のように見える絵になった。こんな山奥に隠れんぼをするお方が居られるとは、超驚きものだが、たまたまそのように見えたとしても次の写真をどう説明すればよいのだろう？

　写真１－Ｂは2006年５月１日12時８分６秒頃撮影したもので、丸で囲った部分のとおり今度は皮膚の色が青白いグレイタイプの宇宙人のような物体が撮影されていました。こんな山奥にわざわざコスプレをして潜んでいる人なんか居るわけはないが、前述の写真に続きがあることで真実味が増してきました。

　写真１－Ｃは2006年５月１日12時８分12秒に撮影したもので、丸で囲った部分のとおり今度は皮膚の色が青白い色から肌色に戻っている。カメレオン顔負けの技である。少なくともこの写真撮影した付近には２匹ないし３匹の同じ種類の動物が居たとも解釈できるが、色違いの動物が瞬時に入れ替わったりするとは考えにくいため、一連の動物は１匹ないし２匹と考えるのが妥当である。

　写真１－Ｂ－１と写真１－Ｂ－２は写真１－Ｂの丸で

未確認動物調査日記
河童は実在した！

囲った部分を拡大したものである。まるで青白いグレイタイプの宇宙人である。これを飲み会の席である人に見せたところ、たまたま持っていた本に登場してくる「烏天狗」にそっくりだと力説する人がいた。

写真1－C－1と写真1－C－2は写真1－Cの丸で囲った部分を拡大したものである。皮膚の色が肌色に変わったが、これもグレイタイプの宇宙人のようである。両者とも頭部と思われる部分の上部が光っている。筆者はこの謎の動物を「烏天狗やグレイタイプの河童」に位置付け、コードネームで「カパットくん」と名付けることにした。

これを境にして、筆者はこの謎のグレイタイプの動物が現地の郷土史に出てくる「河童」と関係があるのか？「河童」そのものなのか？ それを確かめるため河童調査に乗り出したのだ。

027

◆写真1-B◆

◆写真1-C◆

未確認動物調査日記
河童は実在した！

◆写真1－B－1◆

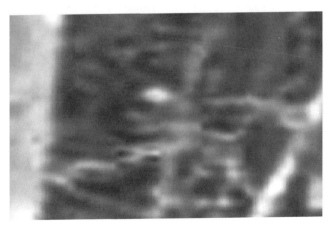

◆写真1－B－2◆

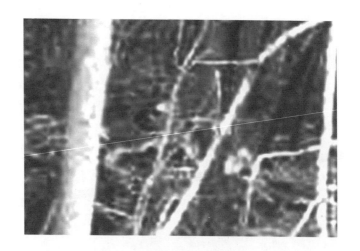

◆写真1−C−1◆

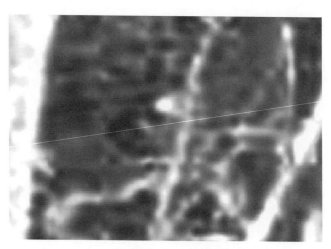

◆写真1−C−2◆

未確認動物調査日記
河童は実在した！

第2章　未確認動物の調査とＵＦＯ写真

●空に現れた未確認動物の頭

　筆者の協力者Ｓ氏が同中通島で複数のＵＦＯみたいなものが飛行しているのを発見し、準備していたデジタルカメラで何枚か撮影するのに成功した。ほとんどの写真が一見横にぶれたものと思われるような物体が写っていたが、撮影された写真２－Ａより周囲の建物形状から、ボケてはいるが、ぶれてはいないと判断するに至った。写真は当初ＵＦＯの集団が飛行しているものだと考えていたが、拡大し１つ１つ確認すると、ＵＦＯの形状らしくない物体が見つかった。写真２－Ｂ、写真２－Ｃは写真２－Ａの右上部分を拡大したもので、特に細長い物体の一角を拡大したところ、爬虫類あるいはトカゲのような謎の物体が確認できた！

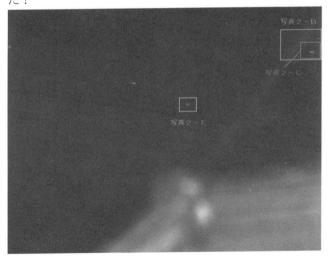

◆写真２－Ａ◆

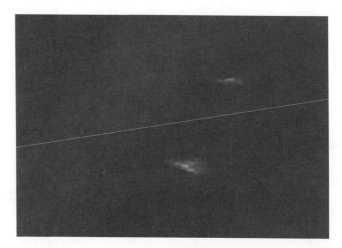

◆写真2-B◆

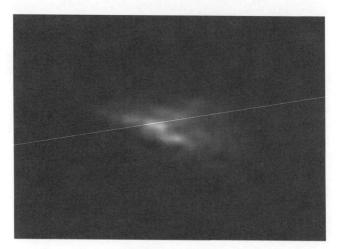

◆写真2-C◆

●空に現れた異次元の窓の謎

　実はこの地域ではずい分昔から、異次元空間との出入り口と思われる窓みたいなものが、地元の人によってしばしば目撃されていたそうだ。

　戦後の1950年から1960年頃にいく度か筆者の協力者Ｓ氏とその家族によっても確認されており、空の上に窓みたいな空間が現れた時、その窓からは明るい光が射していたそうだ。当時、「空の上に窓みたいな空間が現れた！」などと発言した日には近所の人たちから、頭がおかしい人扱いされ、一生恥ずかしい思いで生活しなければならない風潮であったそうだ。そのため、最近まで河童を除き一連のＵＦＯ出現や「超常現象」に相当する出来事に関しては、皆声に出して会話していなかったそうだ。ただし、家族内では暗号めいた会話をしていたそうだ。

　話は戻るが、一連の複数のＵＦＯもその空間から現れているものと考えられているが、今回撮影した写真にはＵＦＯだけでなく、爬虫類あるいはトカゲのような物体が顔を覗かせていたのである。

　筆者は「ＵＦＯ」ではなく、「空を飛ぶ爬虫類」ではないかと考えている。その理由として、一連のＵＦＯは発光体または部分的に発光しているのに対し、爬虫類あるいはトカゲのような物体は発光が確認できないことと、この物体の大きさからＵＦＯに搭乗できないサイズであることが挙げられる。

　否定派に言わせると、空を飛ぶ爬虫類など存在しないとか、たまたま偶然そのような形に見えただけとかいうことでしょう！

　しかし、こんな考え方はできないだろうか？　ＵＦＯが異

次元との出入り口の窓を使って地球にやって来られたとしよう。ＵＦＯの拠点に空を飛ぶ爬虫類タイプの動物がいて、たまたま近くを飛行していてＵＦＯと一緒にこの異次元との出入り口の窓に入ってしまい、地球に来てしまったとは！？

また、地球は遠い過去永きに渡り恐竜が支配していた時代もあり、それらの種族が高度な科学力を手に入れ移住先の星から地球に里帰りしているとも考えられるのだ。しかし、同タイプの動物は宇宙人の研究者間では俗にレプティリアン（reptilian）タイプの地球外の宇宙人とも呼ばれることもあるが、これについては類似例がほとんどなく、陰謀説も浮上しており鵜呑みにはできない。また、写真２－Ｂ、写真２－Ｃのとおり同動物は宇宙服などのようなものを装着したり、背負ったりはしていないし、苦しがってもいない。ただ地球の環境に適応した動物としかいいようがない。前述したが、空の上にも関わらず長時間居られるとしたら、羽根を有する動物の可能性が高いことを示している。念のためだが、ＵＦＯの艦隊と思われる物体を写真２－Ｄ、写真２－Ｅのとおり拡大し確認してみたところ、空の星でも鳥でも飛行機でもヘリコプターでも隕石でもなく、ただＵＦＯとしかいいようがないものであった！

ただし、ＵＦＯの形状はほとんどが写真２－Ｄタイプの形状であったが、幾つかの物体は写真２－Ｅのように歪な形のＵＦＯが存在しており、これらは同調査を奥の深いものとしてしまった。

これらの写真を快く撮影していただいた筆者の協力者Ｓ氏は、自分で見た感覚で大きいＵＦＯを撮影するように心がけていると公言しており、この時のＵＦＯ（ＵＦＯ艦隊）も感覚的に大きいと判断していたことになる。

未確認動物調査日記
河童は実在した！

◆写真2-D◆

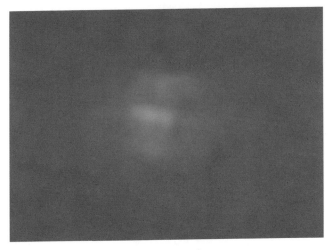

◆写真2-E◆

第3章　水神様の祠調査と未確認動物

●河童軍団との運命の出会い

　長崎県の五島列島の中通島には、水神様を祀った祠が点在している。某山奥の川の上流の小さな水辺付近の祠を撮影するため、祠調査隊なるものを臨時に結成し、祠撮影を実施した。この調査には筆者は参加できなかったが、祠調査隊はやっとの思いで祠を見付け、筆者が提供したデジタルカメラで祠と水辺の写真を撮影していただけだった。この他にも携帯電話で撮影したものをメールで送ってもらい、撮影の成功をリアルタイムで確認することができた。

　数日後、この調査の後に不吉なことが起こったとある人から連絡が入った。詳細は因果関係がはっきりしないので伏せておくが、筆者はそれを聞き呪われた祠だと思うようになり、祠調査で撮影したデジタルカメラの写真データーにあまり興味を持たなくなった。このときデジタルカメラの写真データーはコピーしてパソコンのハードディスクの保存用ファイルとして格納したが、携帯電話で撮影した祠の写真以外の写真の閲覧や整理はしなかった。

　2015年6月、ある理由で未確認動物調査で撮影したデーターの未整理分を調査していたところ、閲覧していなかった水神様祠調査の写真に目が止まった。もしかして、と思いつつ写真を拡大し確認したところ、奇妙な動物がたくさん写っていることが判明し、筆者は大変驚いた！

　写真3-Aはオリジナルのもので、写真3-Bは未確認動物と思われる部分を拡大し、それぞれ丸で囲ったものである。写真は小さなせき止めダム付近の水辺を写したもので、水面付近に鳥、狸、魚に似た不思議な動物と2個の火の玉あるいは光の玉が確認できる。

未確認動物調査日記
河童は実在した！

◆写真3－A◆

◆写真3－B◆

◆写真3-C◆

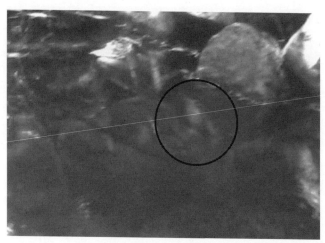

◆写真3-D◆

未確認動物調査日記
河童は実在した!

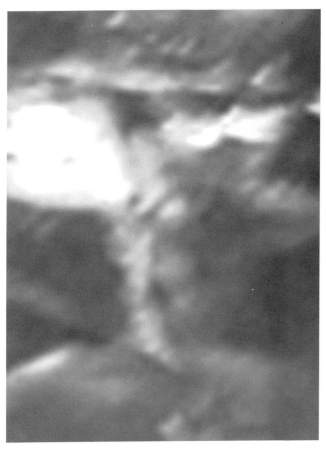

◆写真3−E◆

前述した写真撮影の五分後に撮影された写真3－Cにはほとんど何も写っていないように見えたが、拡大すると写真3－Dの丸で囲った部分のとおり、未確認動物と思われるものが一体だけ写っていた。

　写真3－Eの長い鼻のようなものを持った動物は、妖精風、天狗風、狸風、顔無と名前を付けてしまいそうな不思議な容姿の動物である。周囲の状況からお取り込み中のところを撮影したようで、何やら不思議な動物を捕食中のように伺えるのだ。特徴として、2本足で立ち、左右の耳がある。右ききで指が四本あり、親指があれば五本となる。体の割には腕と手と指が大きくがっちりしている。左側の真っ白な動物は一般にいうグレイタイプの動物のようであり、右側の動物に捕獲され、口ばしのようなもので体液あるいは血液を吸われているようにも見える。両者とも頭部が確認できるがほとんど透けている。右側の動物の顔に目が確認できないのは、筆者はグレイタイプの動物による催眠術などの未知の攻撃の対応策で、目を隠しているものと推測している。

　写真3－Fは鳥のような頭部の左右に大きな耳みたいなものが付いていて、胴体が魚という奇妙な動物である。これは15項の解説で説明した河伯の容姿を連想させてくれる姿でもある。やはり水神様なのだろうか？

　写真3－Gは、立派な背びれを持つ魚のようである。特徴として頭の上が少し膨らんでいて鯛にも似ている。このような狭い水辺で、これ程大きな魚はどう考えても繁殖できない。また、図鑑にも載っていない不思議な形状の魚でもある。

未確認動物調査日記
河童は実在した！

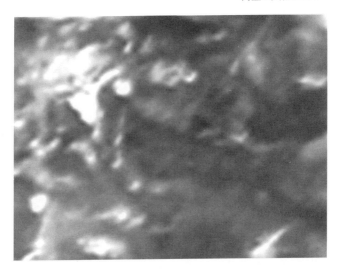

◆写真3－F◆

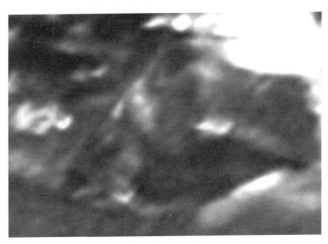

◆写真3－G◆

写真3−Hは頭部が人で胴体が鳥のような奇妙な動物である。特徴として額の上に飾りみたいなものがあり、鼻が高くヨーロッパ風の顔立ちで天使のような容姿である。

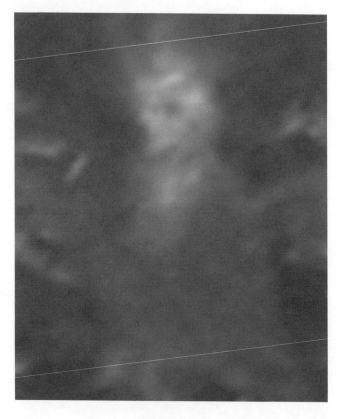

◆写真3−H◆

未確認動物調査日記
河童は実在した！

第4章　未確認動物と異次元空間の考察

●未確認動物の前に現れた四角い空間

　写真4－A－1は写真3－Aの一部分を拡大したもので、前述した写真3－Eの謎の動物の周囲を含めた部分の写真にもなるが、何やら周りに四角い明るい部分が存在する。

　これは、筆者が以前から存在すると考えていた異次元空間への出入り口の窓の可能性があるようだ！　写真4－A－2のとおり、わかりやすくするため写真の明るい部分に枠を描いてみた。すると、四角い枠はこの謎の動物と平行して存在しているように見えることがわかった。さらに四角い色が明るい空間および謎の動物の左側後方に明るい肌色っぽい火の玉のようなものが写っている。79項から81項と87項でも後述するが、これはいったいなんだろう？

　火の玉が四角い空間を作り出す元となっているのだろうか？　謎である。実は写真4－B－1にも同等に四角い色が暗い空間および謎の物体の後方に明るい青白っぽい火の玉のようなものが写っている。写真4－B－2のとおり同様にわかりやすくするため写真の暗い部分に枠を描いてみた。筆者はこの四角い空間こそが、異次元空間との出入り口で、謎の動物を含め多くの動植物が出入りしている可能性があるのでは？　と考えているのだ。ひょっとしたら地球上のほとんどの動植物は進化ではなく、この異次元の窓の向こう側からやって来たのだろうか？　これが本当ならば進化論なんか嘘っぱちになってしまう！　また、31項から35項で述べた空にできる異次元空間の窓と、そこから出入りしていると考えられている未確認飛行物体や未確認動物についても同様のことがいえるのである。これは偶然

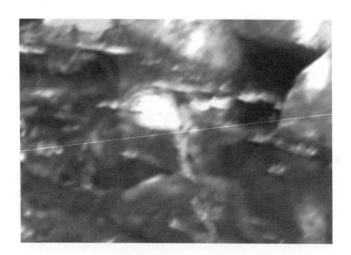

◆写真4-A-1◆

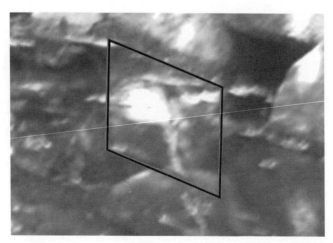

◆写真4-A-2◆

未確認動物調査日記
河童は実在した！

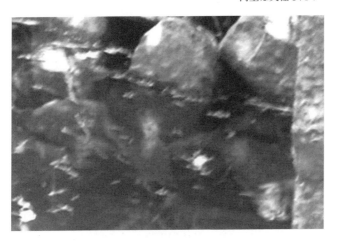

◆写真4-B-1◆

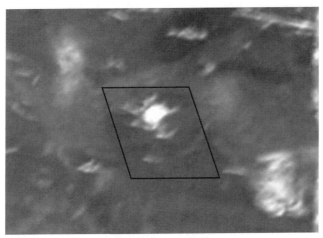

◆写真4-B-2◆

の一致なのだろうか？

●異次元の窓を開けた瞬間

　写真4－A－3の矢印の謎の動物の左手の小指付近だが、異次元への出入り口の窓の縁に触れているようにも見えるのだ。同動物は最初は誰にも見られないように姿を消していたところ、水神様祠調査隊の訪問がどうしても気になったのか？驚いたのか？わからないが、おそらく周りの状況を確認するために異次元の窓の向こう側からこちらを伺えるように左の手で何かを操作をしている瞬間の姿のようにも見える。また、2体の動物が半透明なのは異次元あるいは異空間に居るためだとも考えられる。

　異次元の窓からどうしてもある漫画に出てくるどこでも移動できるドアを連想してしまうのだ。そんなわけで、筆者はこの謎の動物を「天狗タイプの河童」に位置付け、コードネームで「ドラちゃん」と思い切って名付けることにした。

　次にお取り込み中の状況を詳しく探るため、写真3－Eを写真4－A－4のとおりさらに拡大したところ、謎の動物を締め上げている指がグレイタイプの動物の首を1周する程の長いことが確認できた。また、長い鼻あるいはストロー状の口ばしみたいなもので同動物の左頬付近から右頬まで突き抜ける程の深さで突き刺していることも確認できた。お食事中だったのかも知れませんね！とは言っても見る人によっては衝撃的な出来事になるのかも知れませんが、知られざる自然の営みの一コマとして、冷静に受け止めていただきたい。このような出来事から、河童が人間の尻子玉（内蔵）を肛門から抜く話は手ではなく長い鼻ある

いは口ばしみたいなものを使って抜き取っていた可能性が出てきた。怖い話だが、効率的で合理的な方法だといえる。

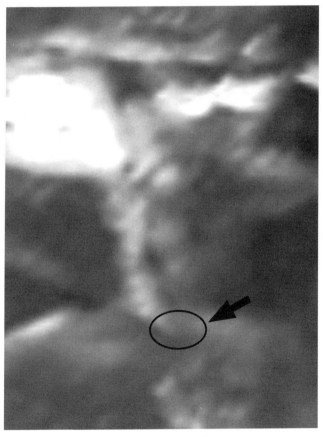

◆写真4－A－3◆

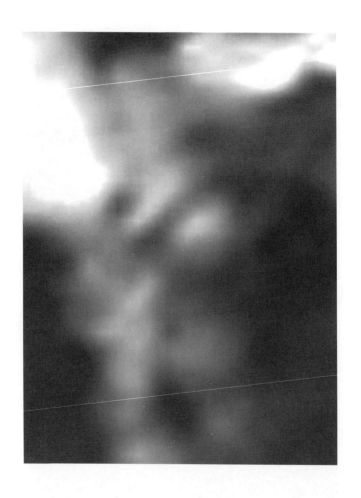

◆写真4－A－4◆

未確認動物調査日記
河童は実在した！

●謎の動物による異次元への拉致事件！

　今から60年から70年程前（1945年から1955年）に前述と似た謎の動物によると思われる事件が起こっていた。

　異次元へ招待された人のお孫さんの話によると、場所は異なるが、謎の動物の出没地域で、当時45歳から55歳位の大人が数日間拉致され、目が見えない状態で戻って来たそうだ。拉致された時は異次元空間からは捜索隊は見えたと証言していたが、捜索している人たちには何も見えなかったそうだ。拉致されたとわかっているにもかかわらず、自ら助けを求めずに捜索状況を眺めているとはちっとおかしな話だが、拉致された時から助けを求めることができない状態だった可能性もある。また、目が見えなくなったことから、この時まで見えていて、その後何らかの理由で見えなくなったことになる。結局、彼は一生目が見えず、頭がおかしくなっていて、家族が最後まで面倒を見ていたそうだ。なんて恐ろしい動物なんだろう！

●グレイはスパイ宇宙人か？

　イメージ4－Cのとおり、一般的にこのグレイタイプの動物は地球外の宇宙人とも考えられ、ＵＦＯに搭乗し地球にやって来たものとも考えられている。重装備もせず生身で過ごせる理由は今のところ不明であるが、一連の異次元コントロール技術を含めた数々の研究調査を命がけで遂行しているものと筆者は大胆に推測している。地球を訪れている宇宙人が長い年月をかけて構築したと思われてきた高度な科学力は、彼らが自ら考えだして発達したものなのだろうか？　一連の未確認動物の技術をパクったのだろうか？　考えれば考える程、謎が深まるばかりだ。

◆イメージ4−C◆

　イメージ4−Cは想像の域であるが、筆者の一連の調査はＵＦＯとＵＦＯ搭乗員調査は平行していたので、同地区にＵＦＯ搭乗員即ちグレイタイプの搭乗員がある目的で地上に降りて、歩いていてもおかしくはないと考えていたのだ。このイメージ画像の話はそのような発想から生まれたわけで、仮にグレイタイプの動物が宇宙人であるとしたら、宇宙人が謎の動物との対決に惨敗したことになる。人間より頭の良さそうな宇宙人が謎の動物に負けるということは、生身の人間には勝ち目がないという事にもなる。

　それから危険を犯してまで謎の動物たちの縄張りに侵入した意図が、46項から47項で述べた一連の異次元コントロール技術を含めた数々の研究調査にあるのか？　この部分は筆者の探究心が特にくすぐられているところだ。

第5章　未確認動物と火の玉の考察

　写真5－Aの矢印部分は火の玉と称する物体である。写真5－Bと写真5－Cはそれぞれを拡大したもので、自ら発光していることがわかる。くどいようだが、火の玉というより光の玉のようでもある。

　これらの火の玉は異次元コントロール装置なのだろうか？　実は幽霊あるいは未確認動物出現時に火の玉が出現することがある。幽霊については一般的に知られているが、未確認動物出現時に火の玉が出現する話は、最近になってテレビや書籍等で一般に知られるようになったようだ。

　写真に写っている物体を未確認動物と断定する前に一つ一つ可能性を追求して行こう。まず、写真に写っている物体は明らかに人間ではない、次に動物の幽霊の可能性を疑ってみよう、中央付近に写っている謎の動物が補食をしているところから幽霊の仕草ではない。次に41項の写真3－Gが魚の幽霊とするのであれば、世界初の魚類の心霊写真となってしまう。しかし、この水量の少ない水辺にこんな大きな魚がかつて生息していて死んだとは考えにくい。42項の写真3－Hは頭部が人で胴体が鳥のような奇妙な動物は幽霊以前の話になってしまう。この一枚の写真だけでは、幽霊の可能性については肯定も否定もできないところだ。

　火の玉の話に戻るが、これらは偶然に発生したものか？　未確認動物が意図的に発生させたのか？　また、後者の場合、何の目的で使われているのか？　気になるところだ。これらが異次元空間を操作できるのであれば、何らかの強

力なエネルギーや電磁波等が放出されている可能性もあり、"要注意物体"でもある。左上の明るい肌色っぽい火の玉は地上にあるが、右下の青白っぽい火の玉は水中にある。色と形状が少しだけ異なるが、これらの物体は何かの物質が化学的に燃えている状態でもなく、水陸問わず似たような容姿で存在しているということから、少なくとも軟な物体でないことが伺える。これらの「火の玉」の色、大きさ、材質、性質、数は未だ謎である。少し足がすくむが、今後も調査を続け近い将来正体を暴いてみたい。

「火の玉」と聞くと何かの物質が燃えている状態をイメージするが、写真の状況から「光の玉」のようである。本書では正体が判明するまで、仮称として「火の玉」と表現することにしている。尚、第10章と第11章でもこの「火の玉」の話に少し触れる。

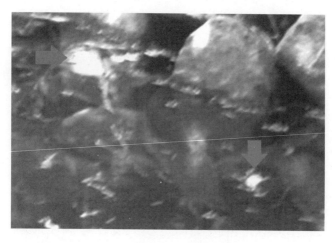

◆写真5－A◆

未確認動物調査日記
河童は実在した！

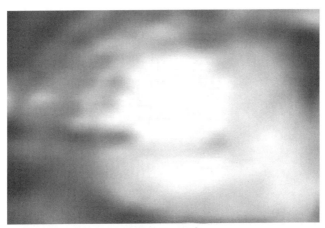

◆写真5－B◆

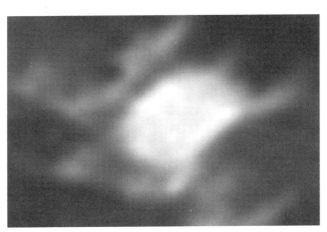

◆写真5－C◆

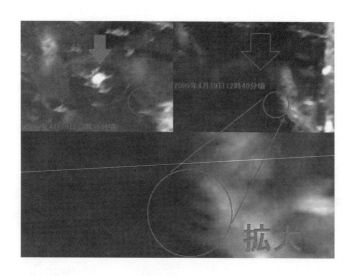

◆写真5−D◆

　写真5−Dは、写真5−Aの5分後の写真を比較したもので、右下の青白っぽい火の玉は5分後にはなくなっている。かわりに、不気味に黒い手の指みたいなものが現れた（38項の写真3−D右下部分も参照）。

　謎の動物が居なくなったと同時に、火の玉も消えてしまったのである。やはり両者は関連があったようだ。

　それから、謎の黒い手の主は写真5−Aに写っていた未確認動物のものかもしれない！

第6章　衝撃！河童参上！！

　写真6－Aの丸で囲った部分に、物凄いものが写っている。単刀直入にいうと、この謎の動物は筆者曰く河童である。現地の呼び名で「ガアタロウ」という。伝説の河童はやっぱり居たんだね！写真6－A－1と写真6－A－2の拡大写真に示すとおり、河童は2匹写っているようだ。

　同写真左側の上半身を乗り出しているのは、子供の河童と思われ、体長は恐らく15cm位と推測される。同河童は体の大きさの割に、手と指が異常に大きいことがこの写真から確認できる。右側で爪をコンクリートに引っ掛けている大きめの鼻の主は、河童の親あるいは大人の河童の可能性がある。鼻の大きさから体長はおよそ30cmくらいと推測される。

◆写真6－A◆

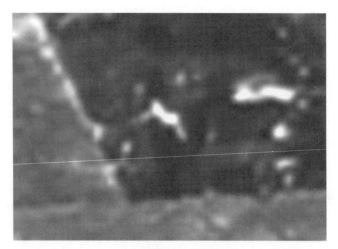

◆写真6-A-1◆

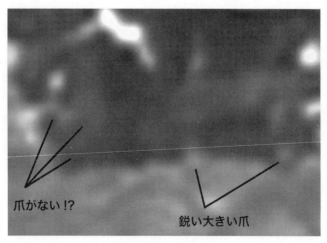

爪がない!?

鋭い大きい爪

◆写真6-A-2◆

写真6-A-2に示すとおり左側の子供の河童には爪が確認できないが、右側の河童には爪があるようだ。39項の写真3-Eの謎の動物（ドラちゃん）は、そっぽを向いていたが、この河童たちは好奇心たっぷりな仕草と目線で、人間（水神様祠調査隊）の様子を伺っていたようだ。

　尚、資料6-A-3に河童の各所の名称を簡単に表記した。特徴としては、目が離れていて、尖った耳があり、鼻の穴が正面を向いた大きな鼻、腕と手と指が体と比較して非常に大きく、お決まりのお皿があり、黒っぽい色をしている。

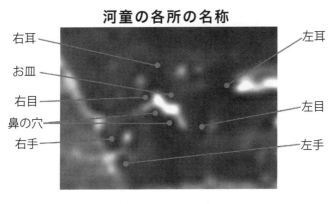

◆資料6-A-3◆

●背後から忍び寄る謎の動物

　写真6－Aだけでならば、穏やかな河童の写真ということになっていたが、残念なことに写真6－Bの矢印の先の四角で囲った部分に、厄介な謎の動物らしき姿が確認できる。

　写真6－B－1の丸で囲った部分に指の長い謎の動物の爪がない指が数本写っている。形や色や大きさから39項の写真3－Eに登場した謎の動物（ドラちゃん）の長い指にも伺えられる。その後ろにはグレイらしき動物が横たわっているようにも見える。もしかして39項に登場した謎の動物が締め上げていたグレイらしき動物なのかもしれない！　この謎の動物はグレイらしき動物を投げ捨ててまで水神様祠調査隊が気になるのだろうか？

　写真6－B－2でさらに拡大すると（カラー写真では灰色の）、長い指が確認でき、指を少し立てている様子も確認できる。指を立てる動物の行動は戦闘態勢にほかならない。

　これらの動物の配置と体制から、もしかして写真6－A－1の河童の子供をおとりに使い、獲物が油断したところ、隙ができたところを謎の動物が突然現れて襲うというカラクリになっているのだろうか？　これら2種類の謎の動物がタッグを組んで獲物を捕獲していたとするならば、野生の世界ではとても賢い狩猟をする動物と評価されるのかもしれない！　また、2種類の容姿が異なった動物は持ちつ持たれつの関係であれば、狭い棲み家に喧嘩や勢力争いもせずに居られる理由になるのかもしれない！

　写真6－A－1の河童の子供と思われる動物は、一見不思議な容姿をしているが、穏やかで可愛らしく興味を注が

れる容姿でもある。河童がこのような写真6－B－1、写真6－B－2と39項の写真3－Eのような謎の動物（ドラちゃん）による悪行のため、永きに渡り悪いレッテルを貼られ続けていたのかもしれない。

　今後の調査で河童について新たな情報を入手したとしても、人に優しい動物であって欲しいと筆者は切に願っている。写真6－B－2のとおり拡大すると、確かに39項の写真3－Eにも登場したグレイタイプの動物とおぼしき物体が横たわっているようにも見える。これが本当ならば、謎の動物が締め上げていたグレイタイプの動物は、ここに投げ捨てられたということになるのだ。

　ぐったりのびた状態から、筆者はこのグレイタイプの動物とおぼしき物体に、コードネームで「ノビタくん」と名付けることにした。

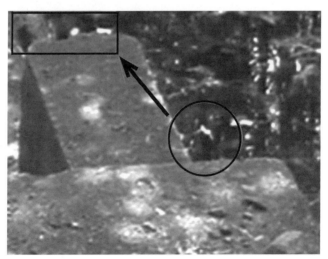

◆写真6－B◆

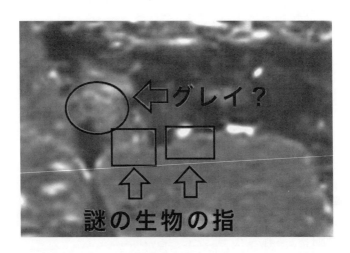

◆写真6−B−1◆

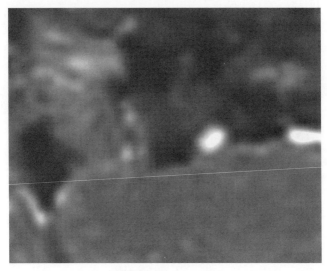

◆写真6−B−2◆

第7章　未確認動物の目撃者調査

●河童目撃者との出会い

　2009年10月8日(木)午後、筆者の協力者S氏に河童目撃者SG氏の家まで案内をしていただき、河童目撃談をビデオ撮影させていただいた。SG氏は筆者の実家と同じ島に永く住んでいる人で、全く面識がなかったのだが、筆者も河童目撃者であり、将来書籍にまとめたい旨を話すと、快く調査に協力していただいた。

　写真7－A、写真7－Bは、昔河童の目撃談が多かった荒人神社とその歴史を綴った看板だ。

◆写真7－A◆

◆写真7-B◆

◆写真7-C◆

海岸の近くに荒人神社（写真7－A、写真7－B参照）という神社があり、その神社の裏手に小川（写真7－C参照）が流れていて、そこに河童が時々出現することがあり、ＳＧ氏はそこで度々河童と遭遇していたそうだ。現在は写真のとおり周囲をコンクリートで固められ、当時の面影はなくなっていた。

この付近での遭遇例は以下とおりである。
・川で子供と水遊びをしている黒っぽい色の河童がいた。しかし、河童は子供にしか見えず、周りで見ていた大人たちは河童の姿が見えず、子供がひとりで水遊びをしているのかと思っていた。また、別の日では、１０人の子供が同時にその黒っぽい色の河童を目撃している。
・身長１ｍ程の黒色のヒューマノイド型の動物で、手足があり間接部にくびれがあった（写真7－E参照）。
・河童が見える人と見えない人がいる。実例で１０人の子供が同時に目撃しているにもかかわらず、そばに居合わせた大人は見えなかった。
・河童を肉眼で見ることができても、双眼鏡では見えない場合がある。
・死んだ人に化けて人を驚かす。容姿や色も変えられる。
・ある人が綺麗な女性に化けた河童から子守を頼まれ、いつまでも抱き続けてしまい、捜索していた親から声をかけられるまで騙されたことに気が付かず、我に返ると抱いていたのは海岸にある角のない丸い石であった。
・河童は色々な音の真似ができる。実例でドラム缶の叩く音を真似ができる。

写真7－Dと写真7－Eは、熱心に河童の目撃談を説明するＳＧ氏。

◆写真7−D◆

◆写真7−E◆

第8章　未確認動物の足跡調査

　写真8－A、写真8－Bのとおり、2013年4月12日（金）昼13時半頃、未確認動物の足跡調査中、某山中の小さな川の上流付近で、まだ若い猪の死骸を発見した。狩猟の時期はとっくに過ぎているし、銃で打たれたとしてもそのまま放置したとは考えにくいし、キャトルミューティレーションの可能性まで考えてしまうような状況である。

　写真8－Bのとおり、その猪は肛門から尻子玉を抜かれたかのようにお尻に大きな穴を開けた状態で、川の上流に向かってうつ伏せに横たわっていた。野生動物に食べられた形跡は写真からは見られないが、もしかして例の謎の動物に襲われ、尻子玉を抜かれたのだろうか？

　念のためだが、この猪は36項から42項の水神様の祠調査と未確認動物で述べた写真発見時期である2015年6月より2年も前に発見し撮影したもので、意図的にストーリーを創作したものではないノンフィクションである。

　筆者はこの猪が小川の下流から上流に向かって、足の早い何かに追われて逃げている途中、追いつかれ襲われてこの場で力尽きたものと推測している。足の早い何かについては2とおり考えている。1つ目は39項の写真3－Eで紹介した謎の動物（ドラちゃん）説。2つ目は後述する100項の画像11－Gと画像11－Hや102項の画像11－Jと画像11－Kで紹介するＵＦＯ説。前者も後者も日本国内ではあまり事例がない話であり、もしかして筆者はスクープ写真を撮影したということになるのだろうか？

◆写真8-A◆

◆写真8-B◆

未確認動物調査日記
河童は実在した！

第9章　体験者が語る河童の話

　以下の資料は長崎県の西方の海上に位置する五島列島の中通島での「河童」と呼ばれる未確認動物に関わる言い伝えを筆者独自に2008年から2010年にかけて調査したものを簡単にまとめたものである。

●伝説となった河童の実話

　以下の（1）（2）（3）（4）は第7章の話を地図で示し、わかりやすくまとめたものである。

（1）高井旅の河童1（資料9－Aの地図Bの位置、写真7－Aと写真7－Bと写真7－C参照）
・ＳＧ氏が遭遇した荒人神社の裏の小川の河童
　川で子供と水遊びをしている黒っぽい色の河童がいた。しかし、河童は子供にしか見えず、周りで見ていた大人たちは河童の姿が見えず、子供がひとりで水遊びをしているのかと思っていた。また、別の日では、１０人の子供が同時にその黒っぽい色の河童を目撃している。

（2）高井旅の河童2（資料9－Aの地図Bの位置）
・綺麗な女性に化けた河童から子守を頼まれ抱いていたら、いつまでも帰ってこない自分を見つけ出した父から声をかけられるまで、気がつかなかった。抱いていたのは海岸にある角のない丸い石であった。

（3）高井旅の河童3（資料9－Aの地図Cの位置）
・高井旅からさらに福見方面に行く途中の旧道の海側の崖の上に１本の松の木があり、木の上から三角頭の未確認動物が子供たちを覗き込んでいた。

（4）福見の悪戯河童（資料9－Aの地図Dの位置）

・綺麗な女性に化けた河童

　ある日、福見教会という建物から主要道路に繋がる山道の入り口付近で綺麗な女性が現れ、子供をおぶって貰いたいと頼まれた。その山道は急なため誰でも女性がおぶって登るのは大変だと思う場所で、迷わずおぶって登りつめたころ、振り向くとその女性はおらず、おぶったと思った子供は海岸にある角のない丸い石になっていた（おぶったのは最初から丸い石であった）。

・田んぼに出没する河童が死んだ人に化け地元の人たちを驚かしていた。びっくりして病に倒れた人もいた。

・河童が石が風化するまで悪戯をしない約束をさせられた。

・河童に騙されて川に入ってしまった元通信会社社員がいた。年代がはっきりしないが、1990年から2000年頃の話。

（5）相河の悪戯河童（資料9－Aの地図Fの位置）

・河童が石が風化するまで悪戯をしない約束をさせられた。

河童は悪戯したいがゆえ、石が風化を早めるように、こすったり小便を掛けたりしていた。

未確認動物調査日記
河童は実在した！

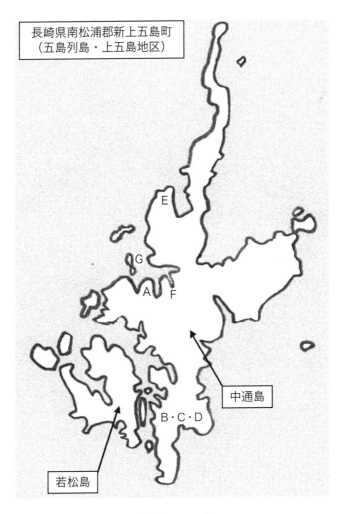

◆資料９－Ａ◆

●河童の可能性がある話

（1）真手の浦の河童2（資料9－Aの地図Aの位置）

　五島列島の真手の浦付近の旧道にて車で移動中、1995年のある夜の深夜0時頃、山側から海に向かって煙のようなものを取巻いた白い塊が、高速で左から右へ移動した。窓を開けていたため生臭い匂いが車内に漂った。この頃からこの体験者は、その後車の窓を開けない運転に心がけるようになった。この頃まだ河童に興味がなかった目撃者は、今、考えると生臭い匂いが河童にも思えると語っていた。

（2）矢堅目の魔物・河童（資料9－Aの地図Eの位置、写真9－Bと写真9－C参照）

　S氏の妹の夫が1980年代から1990年代の頃、五島列島に遊びに来た時の話であるが、ガイドブックを見て釣りの名所でもある矢堅目灯台がある「矢堅目」（※1）を選び夜釣りをすることにした。小さな水たまりがあったので、そこに釣った魚を生けす代わりに入れていたら、目がなくなった魚（※2）がプカプカ浮いて来た。彼は気味が悪くなり、竿を置いたまま一目散に宿に戻ってしまった。

　魚の目を刳り抜く悪戯？　は紛れもなく、あの「河童（ガアタロウ）」の仕業に違いないのである。実はこの海域は2匹の夫婦の巨大な「アラ」が主をしている噂があり、誰も釣り上げていないのに噂だけが広まったのであるが、ひょっとしたらこの2匹の「アラ」は水陸両用の魔物（即ち河童）かもしれない。

（3）折島の怪事件（資料9－Aの地図Gの位置）
　1970年代無人の折島に上陸した筆者は痩せ細った猫の集団を見つけた。その猫を追いかけたら途中で猫目がとれてだらーんとなった。驚いた筆者は一目散に船に戻り、家族と共に島を後にした。

　本書に登場する人の目、魚の目、動物の目にまつわる怪事件は河童の仕業なのだろうか？

●解説●
（※1）矢堅目および矢堅目灯台は五島列島北西部に位置する中通島にあり、矢堅目灯台は五島列島西方航海の目印となっている。
（※2）河童が好む魚の目には、ＤＨＡ(Docosahexaenoic acid)すなはちドコサヘキサエン酸が多く含まれる。この成分は血液をサラサラにするだけでなく、脳に必要な栄養素でもあり、悪戯好きな河童には絶好の脳の栄養源になっているのだ。

　写真9－Bと写真9－Cは矢堅目方面を写した写真である。中央の岩山の向こう側の小高い岩場に灯台があり、釣りの名所でもある。この岩山は満潮時には島になるので、岩山より向こうに行く時は、地元の人は干潮を見計らって歩いて渡っている。

◆写真9-B◆

◆写真9-C◆

●興味を注がれる体験談

（1）目撃者の話Ⅰ
　河童の子供を見た人が存在する（2010年頃筆者が地元の人から聞いたの話）。体長7cmから15cm位でした。親指と人差し指でその大きさを示していたそうだ。目撃者は役場関係者である。

（2）目撃者の話Ⅱ
　河童らしき動物の姿をした物体が瞬間に消えた（1970年代後半の話）。目撃者は強い視線と殺気を感じ振り向いた瞬間、体長1メートル位の爬虫類あるいは水棲の動物の姿をしたヒューマノイド型の物体を確認している。顔にウロコが確認され、歯は小柄の肉食動物あるいは魚類のようであった。目撃者は当時小学生で、体長1メートル位だったので、とっさに勝てると判断したが消えてしまったため格闘することなく事は済んでしまった。最近になって河童や宇宙人情報がテレビや雑誌等で出回るようになったおかげで、沈黙を破り話すに至ったそうだ。

（3）目撃者の話Ⅲ
　ＵＦＯあるいは河童に幻想みたいなものを見せられた（1960年頃の話）。目撃者は数十メートルほど離れた実家への帰り道、変なものに誘導され、真っ直ぐ家に辿り着けず、草むらを歩き回り、体はカヤで傷だらけになったそうだ。
　これは河童に因って異次元に連れて行かれた人の証言に似ている。また、同人物は縁側で昼寝していたら丸い輪っ

かをした発光体が、自分に迫ってきたそうで、夢のような感覚で見てしまったそうだ。当時、裸電球しかない時代に巨大に輝く物体など存在しない。体験者は今でいうＵＦＯに思えたと話していました。これはＵＦＯと河童の出没の話が同じ地域で発生している貴重な証言だ。

●河童の実在が発表されなかった理由
（１）五島列島の人々は「河童」の実在を知っていながら、世の中に発表する術を知らなかった。

（２）当時、地元の人はほとんど知っている同士なので不思議な話ではなく、また、ほとんどが古い時代の話でテレビやラジオ等のマスコミ機関はおろか、ビデオやカメラのない時代であり、実話が伝説や民話的に整理されてしまい、事実としての発表ができなくなってしまった！

（３）昔は、このような不思議な話をすると、頭がおかしい人扱いされる風潮があった（最近は、河童の調査に応じる方々が多いことから、そのような風潮はほとんどない。しかし近年、河童の実在を語れる人が高齢となり激減している）。

（４）前述の（１）、（２）、（３）のとおり、童話、民話、伝説と未確認動物とされてきた「河童」は目撃者が実在したが、その証拠もほとんどなく、そのため以下の３点の説を１つに絞ることができないことから、今日まで足踏み状態であった。

未確認動物調査日記
河童は実在した！

①河童地球内動物説（河童水棲生物説）
理由：河童が地球上の動物である証拠は、河童が感染症や大気成分の異なる空気の呼吸に対応する重装備（宇宙服等）を身につけていないところにある。

②河童地球外知的生命体説（河童宇宙人説）
理由：高度な科学力や医学により、地球上での病原菌対策等で生存が可能となった！？　写真の容姿からも連想できるのであるが、地球外知的生命体として代表される「グレイタイプ」とも考えられる。また、宇宙人として高度な科学力の中に浸っている彼らは、動物として自然な安らぎや癒しが必要なため、地球上の自然がある場所を選び、時々生活しているのではないだろうか？　そして、それらの姿を見た人の話が「河童」なる伝説、民話、童話として語り継がれきたのではないだろうか？さらに、「ＵＦＯ」出没場所と「河童」出没場所が共通している点にある！？

③河童とグレイタイプの宇宙人は別の存在である説。46項から50項で考察したが、河童と思われる謎の動物がグレイタイプの動物を締め上げていた写真から判断すると、別物の可能性がある。

●未確認動物調査関係者の異変

　因果関係については未だ不明としているが、未確認動物の調査関係者が、調査中または調査後に身体等に異変が生じたそうだ。今後のために隠さず以下のとおり紹介する。

（1）河童調査協力者S氏は2009年10月頃、調査中体の感覚に異変が生じ、気分が悪くなった。近くに見えない河童がいるようにも感じ、不思議な感覚は1週間続いたそうだ。筆者はその現場に居合わせ状況を把握していた。この時を境に著者は未確認動物の目に見えない未知の技に奥の深さを感じるようになった。

（2）筆者は2012年8月頃、河童調査後自宅で寝ていたところ、幻を見せられ起き上がることができなかった。その幻とは、透き通るほど綺麗なエメラルド色の海面の上に突然連れて行かれ、息ができなくなるというもので、夢には思えないようなリアルな状況だった。海の中に沈みそうになった時、本当に息を我慢しそうになったのだが、ここで機転を利かせ、これは幻であると判断し、数分掛けて我に戻れたのだ。

　上記以外でも未確認動物出没地域で未確認動物の悪戯と思われる謎の異次元空間に迷い込んだ人が、長時間かけてやっとの思いで抜け出した時、身体中が切り傷だらけだった事例を2件程確認している。

未確認動物調査日記
河童は実在した！

第10章　調査と考察のまとめ

●未確認動物は野生的な動物

　本書に登場する未確認動物は一見、野生的な動物であるが、野性的なスタイルと超常的なスタイルを兼ね備えた不思議な行動をする動物とも考えられる。撮影された写真の状況から、自然が残る水辺の地域に実際に生息する動物であることが確認できる。現時点解析が困難な空中に現れたものや鳥タイプ、魚タイプの説明を除くが、資料10－Aの水辺の未確認動物比較表のとおり、調査した未確認動物には鼻が小さい小鼻タイプあるいはグレイタイプ、烏天狗タイプのものと、鼻が豚のような豚鼻タイプあるいは標準タイプのものと、鼻が長い長鼻タイプあるいは天狗タイプのものが存在することが調査により確認できた。ただし、グレイタイプについては、本書15項と20項で説明したとおり、地球外知的生命体、すなわち「宇宙人」疑惑がある。　また、資料10－Dの未確認動物関係図と、39項から40項で述べた天狗タイプとの対決で犬猿の仲とも伺えるが、筆者曰く三者ともグルで、そばに近づいた人間を怖がらせ追い払うために、手の込んだ芝居をしていたかもしれないのだ。いずれにせよ三者とも要注意の未確認動物なので、暫く距離をおいてじっくり観察し、行動パターンを調査する必要があるのだ。

　筆者が考えている分類はこんなもんかな！？
　小鼻タイプ・・・グレイ、烏天狗
　長鼻タイプ・・・天狗（場所によっては河童）
　豚鼻タイプ・・・河童（標準タイプ）
　筆者はここまでの調査結果から、豚鼻タイプが典型的な

水辺の未確認動物比較表

河童の写真	タイプ・特徴
	小鼻タイプ グレイ・烏天狗タイプ 目が大きい 耳が確認できない
	小鼻タイプ グレイタイプ 目が少し大きい 耳が確認できない
	豚鼻タイプ 標準タイプ 耳が大きい
	長鼻タイプ 天狗タイプ 耳が大きい

◆資料10－A◆

標準タイプの「河童」と位置付けている。

次に「四角い窓」についてだが、写真10－Bは写真4－A－1を画像処理ソフトで色を強調したもので、両者共に空間に現れた四角い部分がはっきり確認できる。この「四角い窓」については異次元世界への窓である可能性があり、謎の動物だけでなくＵＦＯまでをも異次元空間を経由させ出現させている可能性もあると考えられる。これらの調査時に引きずり込まれないよう十分注意しなければならない代物である。

少し先走りした話かもしれないが、四角い窓の向こうの世界が地球みたいに生物が住める世界になっているのであれば、悪い方に使うと、バイ菌やウィルスやその他の微生物が簡単に出入りできる危険性がある。ＳＦ的には邪悪な宇宙人が地球侵略とか？　これは大変だね！　穏やかに調査している場合ではないかもしれませんね。

良い方に使うと、地球上で過去に起こった数々の大災害（地震、火山噴火、隕石や彗星の落下に起因する大洪水）や恐竜支配による生存競争などから一時的に非難用シェルターとして活用できることにもなる。どちらも恐怖感を感じる話だが、個人的には後者の方が現実に近いのではと考えているところだ。

次に「四角い窓」に関連しているものかもしれないが、「火の玉」について、本調査では写真5－Aのとおり2個の存在が確認できた。前述したとおり左上の白っぽい火の玉は地上にあるが、右下の青白っぽい火の玉は水中にある。色と形状が少しだけ異なるが、これらの物体は何かの物質が化学的に燃えている状態でもなく、環境を問わず似たような容姿で存在しているということから、少なくとも軟な物

体でないことが伺える。「火の玉」と聞くと何かの物質が燃えている状態をイメージするが、ある意味「光の玉」のようでもある。正体が判明するまで仮称として「火の玉」と表現することにしている。

　念のためだが、本や雑誌で幽霊の絵に「人魂」が同時に描かれているのを見ることがあるが、「火の玉」と「人魂」が同じものかは現在のところ不明だ。1980代前半頃だが、人魂と思われるものを肉眼で見たことがある。電車の中から外の風景を何気なく見ていたら、５メートルから１０メートル位の高い木の上部に青白い尾を引く発光体を目撃した。このとき幽霊や未確認動物などは見当たらなかった。今回の「火の玉」は静止した状態だったので、移動して尾を引くことがあるのか？　興味がある。

　未確認動物の生態の一部分しか確認できていない現在、「未確認動物」は語れても、「四角い窓」、「火の玉」、「宇宙人」については情報が不十分なため今回は推測でしかない。そんなことから追加調査を進めているところだ。

　今後調査するにあたり彼らの超常的な謎の技には十分注意を払わなければならないと考えているが、そう考えていても、実際に遭遇したとき嬉しくなって油断することも予想されるため、対策として今後はこれらにあまり興味がない人を同行させることも検討している。

　今回の調査に関しては「幽霊」や「人魂」などの心霊分野あるいは、スピリチュアル分野の関連や絡みも多少感じられたため、現時点筆者は何らかの繋がりがあるかもしれないと考えている。いずれも「超常現象」に含まれるのには変わりはないのだが、欲張りながらでも幅を広げた調査を遂行し、少しずつ紐解ければとも考えている。

未確認動物調査日記
河童は実在した！

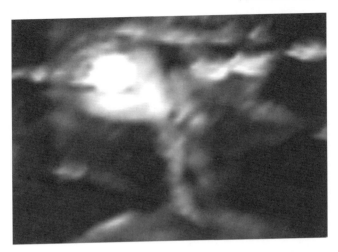

◆写真 10 − B◆

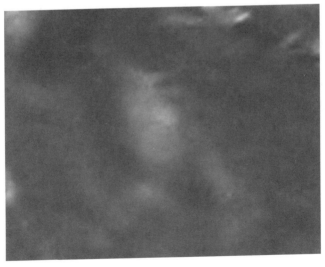

◆写真 10 − C◆

●未確認動物・河童の特徴について

　資料10－Aのとおり、一連の水辺の未確認動物を河童に位置付け、それぞれの特徴で分類した。写真10－B、写真10－Cはその拡大写真である。筆者的には、「天狗」のイメージが感じられた。九州南部方面では鼻が長いタイプを「河童」扱いしている地域もある。

　ところで、実際に起こった話だが、知人の祖母が住む東北地方のとある農村部で、電柱の周りに鍬や鎌を持った農民がたくさん集まっていたところをたまたま知人が通りがかり、「何をしているのか？」と尋ねたところ、「今、天狗を電柱の上まで追い詰めたところだ」と、耳を疑うような答が帰ってきたそうだ。しかし、電柱を見上げても天狗はおらず、電柱を登った後突然消えたと思われ、農民は「天狗」をやっつけることができなかったそうだ。

　農民の話によると、天狗の悪戯で手を焼いていたそうだ。「突然消えてしまった！」、「悪戯をする」という。この2点は、筆者が調査している謎の動物に技が似ているようだ。

　この話は、容姿の違いで「河童」を「天狗」と呼んでいる可能性があるように感じ取れる。

　特徴を調べあげ分類することにより、将来この手の未確認動物の正体が1つ1つ解明されることを期待したい。

　特に「河童」の種類の分類と「天狗」の実在の有無を暴くことを調査の上位に置いて考えている。資料10－Dは未確認動物の関係を表したもので、鼻が長いタイプの河童は小鼻タイプ（グレイタイプ）と敵対関係である可能性がある。

未確認動物調査日記
河童は実在した！

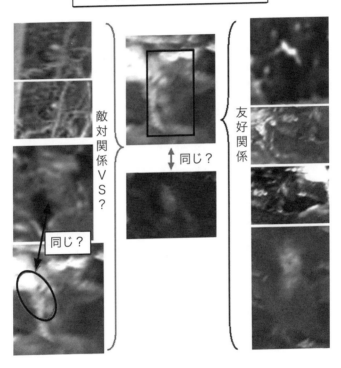

◆資料10－D◆

●未確認動物出現場所の検証

　写真10－E、写真10－Fのとおり、未確認動物出現場所の写真を撮影していた。資料10－Eは2009年4月19日(日)12時35分頃に撮影したもので、資料10－Fは2009年4月19日(日)12時40分頃に撮影したものだ。両者の丸で囲った部分を比較すると、最初は未確認動物だらけだった水辺が五分後にはほとんどの未確認動物がいなくなり、唯一写真の右下に鼻が長いタイプの未確認動物（写真10－C参照）が、水中で何かをしているところが撮影されているだけだった。

　このような状況から、未確認動物たちによる水辺の井戸端会議はお開きになったように伺える。彼らの憩いのひとときを水神様祠調査隊員が邪魔してしまったかもしれない。これらの未確認動物の大きさは、全て30cm前後と非常に小さい。彼らは臆病なのだろうか？　筆者曰く、彼らが堂々と人の前に現れないところに、彼らの謎と神秘めいたものが感じ取れるのだ。

　実はこの2枚の写真のカメラは同じものではなく、もちろん撮影者も同じではない。カメラの性能や撮影者で写る写らないはほとんど考えられない。2枚目の撮影時、彼らが警戒して一旦消えた（逃げた）可能性がある。今後は2枚ではなく複数枚あるいは動画も考えているが、これらの未確認動物は第4章から第6章で述べたとおり、とっても優れた頭脳と身体能力を持っていると推測される。そのため、次回以降遭遇時の学習能力を身につけた彼らはもっと賢くなり、何を企んで仕掛けてくるかわからない。そのため、今後河童出没の場所が解明されても深追いはせず、遠目での調査を河童の安全な調査の心得として遂行していきたい。

未確認動物調査日記
河童は実在した！

◆写真10－E◆

◆写真10－F◆

●異次元の世界の謎

　本書では異次元と表記した現象については、四角い空間を通して物体が半透明になることから、筆者独自で決めた表現である。実は筆者は別件で四角い空間を目撃したことがあるのだ。1998年9月頃の朝方リアルな夢を見ていたところ、浅い睡眠であったので突然目が覚めてしまい、前を見ると夢と同じことを話す頭だけの白髪で立派なヒゲの爺さんが空中に浮いていたのだ。とっさに蛍光灯のスイッチを入れながら、その爺さんを追いかけたところ、壁にせりだしていた灰色の四角い物体の中に逃げ込み、次の瞬間その物体が小さくなって消えたのだ。嘘みたいな話だが、この時に筆者は異次元なる空間への四角い窓の実在を知ったわけだ。他の研究団体や思想団体では、次元階層や波動の高低で表現する手法を使っているようだが、これらについて世間でも謎の分野として扱っているのだ。

　話は戻るが、上記の二つの表現で説明すると、透明になるにつれて次元階層や波動が高く、半透明に見えるのは次元階層や波動を下がったということになる。もしそれが正しいのであれば、普段我々が目にしている人類を含めた動植物たちはそういう意味では、半透明になれる彼らと比べ階層や波動が低い存在ということになるのだ。

　水神様祠調査隊員の中に半透明に見える人の霊（一般的に幽霊）を良く見る人が参加して、色々嫌なことは話していたのだが、一連の未確認動物などを目撃したとは一切語っていなかった！　このことから、おそらくだが、一連の未確認動物は幽霊みたいな存在ではなく、実在の動物である可能性が高いといえるようだ。

未確認動物調査日記
河童は実在した！

●2つの物体のふしぎな共通点

　写真を閲覧していると、不思議な事に 2006 年に撮影された「未確認動物」の頭部と思われる物体の色と、2009 年に撮影された「火の玉」と思われる物体の色が、それぞれ青白っぽい色と明るい肌色っぽい色で符合しているのに気付いた。偶然そうような容姿のものが撮影できたのだろうか？

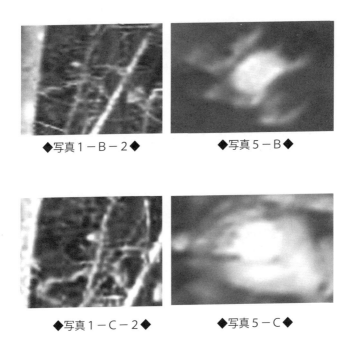

◆写真1−B−2◆　　　◆写真5−B◆

◆写真1−C−2◆　　　◆写真5−C◆

　今後、同地区の調査撮影を展開する上で、前述の「異次元の窓」と同様に貴重な調査対象として、慎重に取り扱って行く構えだ。

●今回の調査結果

水棲生物・河童等について

（1）容姿が異なる複数の河童が存在する。
（2）皮膚の色は黒っぽい色、深緑色、肌色、水色など。
（3）他の種類の未確認動物や魚や野生動物が餌になる。
（4）河童が見える人と見えない人がいる。
（5）河童は自分の姿を見えなくすることができる。
（6）河童を肉眼で見ることができても、双眼鏡では見えない場合がある。
（7）河童は人に化ける（綺麗な女性、死んだ人も含む）。
（8）河童は人を謎の異次元に連れて行く。
（9）（8）での生還者は体に異常が見られることがある。
（10）河童は知能が高い。
（11）河童は魚の目が大好物である。
（12）河童は海から小川を伝って上がって来る。
（13）河童は臭い。
（14）7ｃmから15ｃm位の子供の河童が存在する。
（15）河童出没地に「火の玉」が出現する。
（16）河童出没地に「四角い窓」みたいなものが出現する。
（17）河童以外にも魚タイプ、頭は動物、胴体は魚タイプ、頭は人間で胴体は鳥タイプが存在する。

その他発見した物体について

（1）ＵＦＯ（ＵＦＯ艦隊）が空に出現。
（2）爬虫類の頭部みたいな物体が空に出現。
（3）火の玉が実在する。
（4）謎の四角い窓が実在する。

第11章 未確認動物と超常現象との接点と課題

●異次元の窓の共通点

　第2章(写真2-C参照)と第4章(写真4-A-2と写真4-B-2参照)が符合している。前者については、目撃者の証言だけで、四角い窓の写真については撮影されておらず、そこから出現したと思われる謎の動物の写真とUFO艦隊とおぼしき集団の写真が撮影されただけである。これは本調査の最大の謎として取り扱わなければならない事態になった。今後これらの現象について慎重に取り扱って行く構えだ。

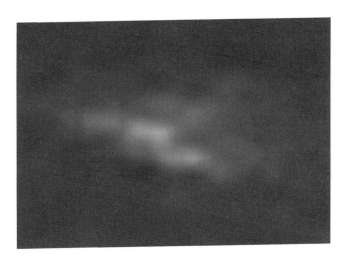

◆写真2-C◆

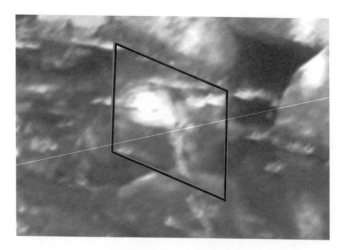

◆写真4-A-2◆

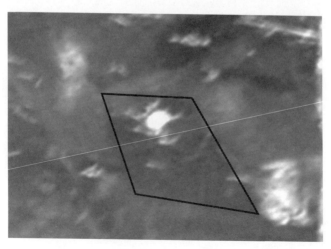

◆写真4-B-2◆

私がイメージしている人類・宇宙人の行動範囲

知的生命体		この世	あの世(霊界)	宇宙	異次元
人類		－	可能	近場・可能	不明
宇宙人	欧米人タイプ	－	可能	可能	可能
	グレイタイプ	－	可能	可能	可能
	他の生タイプ	－	可能	可能	可能
	幽霊タイプ	－	不明	可能	可能

特にグレイタイプの宇宙人は身体能力に優れていて、光のコントロールやプラズマのコントロール等により、変身や異次元・異空間への移動ができる。人さらいや瞬間移動はこのタイプの宇宙人の仕業の可能性があります。勿論、『河童』もこの技が行える。

◆資料11－A◆

● 河童は綺麗な女性にも化ける？

　次に、資料11－A、資料11－B、資料11－Cは筆者が2014年夏に都内で行なわれたＵＦＯ関係のシンポジウムにて発表した資料の一部だが、河童以外の動物も異次元とか霊界へ行ける可能性を表したものだ。未確認動物は未確認の宇宙人という考え方もでき、未確認動物だけの視野では狭かったようだ。注目していただきたいのは、資料11－Aの下に書いた4行の部分で、グレイタイプの宇宙人の身体能力が河童に近いものがあるのでは？　ということだ。ＵＦＯや宇宙人などの超常現象の研究者間ではそう大胆に発言されることもあるとご理解いただければ幸いだ。

私がイメージしている宇宙人

知的生命体		平均寿命	文明／文化	宗教／思想	死後神の裁き
人類		80歳位	中	有	有
宇宙人	欧米人タイプ	数千歳	大	有	有
	グレイタイプ	10000歳	小	無	無
	他のタイプ	数百歳以上	不明	不明	不明
	幽霊タイプ	不明	不明	不明	不明

　私が現在調査している『河童』は800年前の人物に化けた実績があり、文化や教育が整っていない彼らが記憶を元にそれらのことを実施したならば、少なくとも800年以上長生きしている計算になる。もしかしたら、『河童』の容姿や彼らの行動から『グレイタイプ』の宇宙人に分類されるかも知れません。

◆資料11－B◆

地球に訪れている地球外知的生命体が本拠地としている可能性のある天体

天体名	天体の位置関係	地球までの距離
プロキシマ・ケンタウリ	ケンタウルス座	4．3光年
シリウス(Sirius)	おおいぬ座α星	8．6光年
ベガ(Vega)	こと座α星	25光年
アークツルス	うしかい座	37光年
アルデバラン	おうし座α星	65光年
イプシロン	うしかい座	200光年
北極星(ポラリス)	こぐま座α星	431光年
プレアデス散開星団	おうし座エータ星中心10個	443光年
アンドロメダ銀河	アンドロメダ銀河恒星1兆個	254万光年

◆資料11－C◆

また、資料11－Bの下に書いた4行の部分では、河童の寿命を暫定的に推測したもので、河童が綺麗な女性に化ける話がでた某地域の郷土史を調べると、800年ほど前に起こった壇ノ浦の戦い（1185年4月25日）で、逃げ延びて来た平家の女性幹部やその腰元（後に密告により処刑される）がいた地域に符合しており、河童はその記憶を元に模倣したとも考えられるのだが、河童は800年以上生きれる動物なのだろうか？　疑問だ！

　実は2010年4月8日(木)10時14分頃、写真11－Dの丸で囲った部分および写真11－D－1の拡大写真のとおり、一連の地域の山奥で髪の長い色白の女性の写真が筆者によって撮影されていたのだ。こんな山奥に髪の長い色白の綺麗な女性などいるはずがないので、普通の写真でないことは見てすぐにわかった。

　"心霊写真"だとしてもこんな山奥に女性の幽霊が出る理由が理解できない。幽霊なのに前髪が綺麗に揃えてあり、少しおかしい？　霊界にも床屋さんがあるのだろうか？　それとも前述のとおり河童が変装したのだろうか？　もしかしてノルディックタイプの宇宙人？　可能性だけでもいくつも浮かんでくる。実に考えさせられる写真だ！

　よく見ると、女性の右頬が太陽光線が反射して輝いているし、髪の毛が非常に長いため上の方でくるくる巻いているようにも見える。何となくテレビで見るような玉ねぎおばさんの髪型にも見えるが、髪の左上には簪（かんざし）あるいは髪飾りのようなものが付いているようにも見える。河童が慌てて女性に変装したので雑な格好になったのだろうか？　それにしてもユーモアと時代を感じさせる髪型である。

◆写真 11 − D ◆

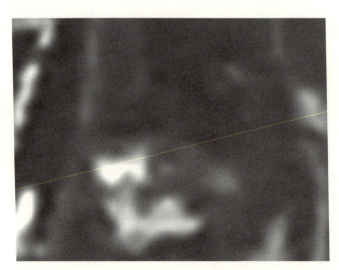

◆写真 11 − D − 1 ◆

未確認動物調査日記
河童は実在した！

　もし河童が人間の真似をするとしたら、自分たちの生活圏に人間などが立ち入らないよう変装と話術で騙したり脅かしたりするためでしょう！　民話に出てくるような出来事のようだが、筆者を騙してビックリさせてやろうと企んでいたかもしれない。写真11－Dを見ると河童の背丈位の高さに女性が顔を覗かせている。不気味な表情をしている！　S氏の話によると、前述の壇ノ浦の戦い（1185年4月25日）で逃げ延びて来た女性幹部やその腰元が潜伏していた場所以外にも平家の人たちは山の高い位置まで船を運び隠し、人が住めないようなへんぴな場所で生活していたそうだ。平家の人たちが潜伏していた山奥に河童が生息していたならば、遥か昔から変装のネタを仕入れていたかもしれない。古いスタイルだが・・・。

　もし幽霊であるならば、死後の世界がありそこからやって来たことになる。もしかして、異次元の窓を使って！？自分たちのかつての存在を忘れないようアピールしに来たのだろうか？　でも、何故こんな山奥に！？

　もし人間であるならば、乗り物がなければこんな山奥から簡単には帰還できない。近くには何もなかったぞ！キャンプしながら帰るのか？

　正体がなんであろうとも、筆者はこの女性の目を運良く見なかった。もし見ていたらどんな酷い目にあったか？想像したくないね！　前述の考察から、筆者は山奥で発見したこの謎の髪の長い色白の女性は、「変装した河童」である可能性が高いと判断し、コードネームを「山奥の姉さん」と名付けることにした。これらの話は今後の調査課題の一つとして進めることにしている。ただし、場合によっては霊能者を同行させるかもしれない。

◆写真11－D－2◆

◆写真11－D－3◆

尚、この五島列島の中通島には写真11－D－2と写真11－D－3のとおり、平家の落武者の墓が平家塚（1714年建立）として残っている。

　河童だからといって地球の動物とは決めつけられない。筆者は地球外の動物の可能性も視野に入れている。資料11－Cは、地球を訪れている地球外知的生命体が本拠地としている可能性のある天体などを表した資料だ。地球外知的生命体がいるかいないかの論議をしていては話が進まないので、いると仮定して考えたもので、地球からの距離が比較的近く、天文学的にも体表的なものを表している。

　ＵＦＯや宇宙人などの超常現象研究者間では、シリウス、アルデバラン、イプシロン、プレアデスにはいる可能性があると噂される程度だが、当然普通に考えるような方法では地球に来れないため、ＵＦＯと呼ばれる未知の飛行物体なるものを使ってやって来るものだと想像されている。だが、筆者はそれに加え異次元の窓なる存在も視野に入れるべきだと考えている。

　資料11－Eは本書用に筆者が書いたものだが、地球を訪れている地球外知的生命体の本拠地を探るために分類を表したものだ。地底説については最近騒がれだした地底人の話が根源で、資料では暫定的な表現としている。尚、ＵＦＯの全てが地球を訪れている地球外知的生命体の乗り物ではなく、地球製のものもあり、ＵＦＯ＝地球外知的生命体の乗り物とは一概には判断できないと考えている。

　いまだに謎だらけの宇宙人は、しらぬ間に未確認動物扱いされている可能性もあり、見逃せない存在でもある。また、宇宙人の本拠地とする星の動物やペットの存在も視野に入れ幅広く考えて行かなければならないのだ。

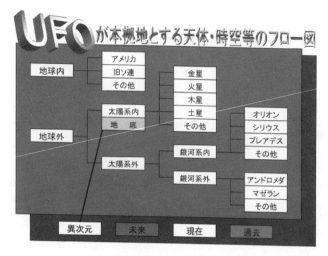

◆資料11－E◆

●河童とUFOの共通点

　前述した55項から56項の写真6－Aと写真6－A－1で紹介したとおり、河童の子供と思われる動物は身を乗り出してまで人間を見ていたようだが、実はこの時同行していた子供に物凄く興味があったと筆者は推測しているところだ。63項または67項でも「河童と１０人の子供が同時に目撃しているにもかかわらず、そばに居合わせた大人は見えなかった。」とあるように河童は子供（特に１０歳前後）に興味があり、一緒になって遊ぶそうだ。この子供には見えて、大人に見えさせないという特殊な技もUFOの目撃者の証言と共通しているのだ。筆者が調査を続けているUFOと未確認動物は容姿や目撃時間帯が異なっているが、少なくとも目撃者の年齢から両者は子供に興味があること

が符合している。また遊び心で接しているのであれば、両者は心に余裕があり、攻撃的で邪悪な存在ではないことを読み取ることもできるのだ。その延長線上に浮かび上がるものは河童ＵＦＯ搭乗員説である。「ＵＦＯの搭乗員が河童で、ＵＦＯに搭乗して大空を自由に飛び回ったり、ＵＦＯから降りたときは、野山に飛び出して自然と戯れて楽しんでいる。」というもので、それを目撃した人が河童という動物として取扱うようになったのではと筆者は想像しているのだ。参考として紹介するが、イメージ 11 －Ｆでは２機のＵＦＯが小学校を訪問し、目撃した小学生が指を指したら、逃げるようにどこかに飛んで行ってしまったそうだ（未確認飛行物体観測日記 20 項引用）。

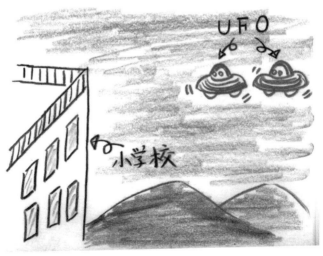

◆イメージ 11 －Ｆ◆

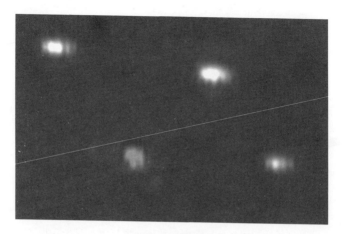

◆画像11－G◆

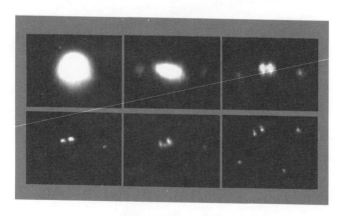

◆画像11－H◆

未確認動物調査日記
河童は実在した！

　本当はイメージ11－Fのような画像があれば説明し易かったのだが、別の日に同地区で撮影された意味深なＵＦＯビデオ画像があったのでご紹介する。画像11－Ｇは2012年7月22日(日)21時26分頃にビデオ撮影されたひとコマで、画像11－Ｈは2012年7月23日(月)20時52分頃にビデオ撮影した6コマだ。これらは2日連続して出現したＵＦＯが超低空で飛行してたところを偶然筆者がビデオ撮影したもので、写真11－Ｇは4色の発光体が写っているがＵＦＯは1機で、底部に付いている発光体が点滅していてた。画像11－Ｈも画像11－Ｇと同型のＵＦＯで、この時も前日と同じようなルートを飛行しており、画像はこの時のＵＦＯの形状変化を6枚に分けたものである。

　両者のＵＦＯは地上１００メートルから１５０メートル付近を時速３０ｋｍから４０ｋｍ程の速度で飛行し、筆者の頭上を通過し、ＵＦＯの飛行の異常さを目の当たりにした。

　このように低空を飛行する理由は、レーダーに捉えられなくするためと、地上の状況に興味がありモニタリングするためだと筆者と目撃者の何人かは推測している。もちろん、筆者はこのＵＦＯに搭乗しているのは河童みたいな動物ではないかと密かに期待している。

　実は写真11－Ｊと画像11－Ｋのとおり、数メートル程の小型ＵＦＯ出現時に数10cm程の超小型のＵＦＯらしき物体が同時に複数機出現している。これらは超小型のＵＦＯではなく、第5章で述べた「火の玉」ではないだろうか？河童が小型ＵＦＯに搭乗し操縦しながら、「火の玉」も操っているという可能性が浮上したため、手持ちの資料で以下のとおり考察してみた。

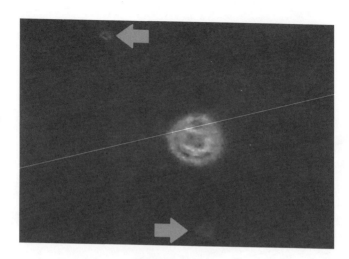

◆写真11－J◆

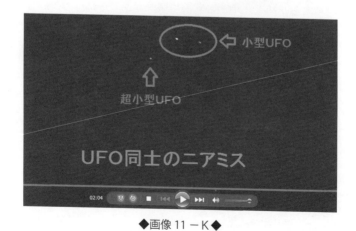

◆画像11－K◆

未確認動物調査日記
河童は実在した！

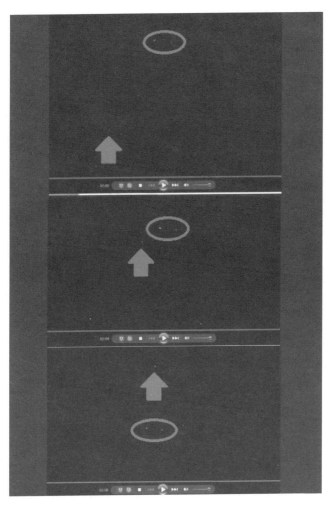

◆画像11－L◆

写真11－Jは2008年10月18日(土)19時59分頃に出現した数メートルクラスの小型ＵＦＯとお供するように現れた数10cmクラスの超小型ＵＦＯである。この写真は筆者の協力者Ｓ氏が同地区で複数のＵＦＯみたいなものが飛行しているのを発見し、準備していたデジタルカメラで撮影した数枚のうちの１枚である。

　両者の超小型ＵＦＯは飛行コースと行動が対象的である。また、前者の写真11－Jの超小型ＵＦＯは撮影時に複数機の大群を肉眼でも確認しているが、画像11－Ｋの超小型ＵＦＯはたったの１機であった。

　画像11－Ｋは2009年10月10日(土)20時２分頃に出現した数メートルクラスの小型ＵＦＯと、果敢にも不安定な回転をしながらそれと交差するかのように飛行する数10cmクラスの超小型ＵＦＯである。これは筆者がＵＦＯ同士がニアミスと思いつつ、焦りながら偶然ビデオ撮影できたものである。画像11－Ｌは交差前後の画像を並べたもので、矢印の部分は超小型ＵＦＯを示し、丸で囲っている部分は小型ＵＦＯを示す。画像11－Ｍのとおり、小型ＵＦＯと超小型ＵＦＯの交差時、小型ＵＦＯから超小型ＵＦＯへ向けて？　真っ赤な発光（カラー画像でないのが残念だ）による威嚇であった。両者は異なる目的のＵＦＯで互いに意識しているようにも伺える飛行ルートであった。

　画像11－Ｎは２機のＵＦＯの交差時の画像を拡大したもので、右側の２つの光の点は小型ＵＦＯで、左側の１つの光の点は筆者が「火の玉」と期待している超小型ＵＦＯであるが、色は白色で特別「火の玉」と思わせるものは確認できなかった。

未確認動物調査日記
河童は実在した！

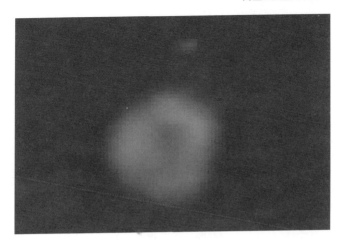

◆画像 11 ― M◆

◆画像 11 ― N◆

●UFO&河童おじさん

　2009年10月11日(日)昼12時頃、某河童出没地に行き河童調査をしていたとき、細い山道を車で走行中左側に小さな小屋が見えたので、中を覗くと農家の人が休憩していた。ダメ元で河童情報を知っていないか尋ねると。親切に「水神様」と「山神様」を祀った祠まで案内され、河童に関連する昔話を話してもらった。かいつまんでいうと悪戯河童が出没して、当時の村人を大変困らせていたそうだ！　そのため、祠を作って祀っているのだということだ。

　筆者は河童出没の証言を教えてもらうついでにさらにダメ元でUFOのことも聞いてみたら、火の玉型のUFOを目撃したと証言していただいた（写真11－Pは熱心にUFO目撃談を語る地元の農家の人である）。

◆写真11－P◆

ある日、日が暮れて月が昇って来たのかと思っていたら、いつもの月ではなく真っ赤に輝く物体で、いいかえれば、真っ赤に輝く火の玉型のＵＦＯだったそうだ。そして、その日は満月でもなかったそうだ。

この時期、筆者は平行してＵＦＯ調査も実施しており、すでに「真っ赤に輝く火の玉型のＵＦＯ」の事例については数件調査済み（写真11－Qと写真11－R参照：カラー画像でないのが残念）で類似事項として聞くことができたのだ。それ以外にもＵＦＯの話をたっぷり聞かされたが、奇妙なＵＦＯの光線と行動を現地まで足を運び聞かされた。

◆写真11－Q◆

この農業を営んでいる人は社会人になってから、同じ場所で農家一筋で生計を立ててきたそうだ。そのため一番現地に詳しいと豪語しながら、現地で起こった河童の話、心霊系の話、ＵＦＯの話まで幅広く語っていただくことができた。一番聞きたかった最近の河童の話については目撃談ではなく、河童と思われる悪戯談の言い伝えの話で、人間を謎の異次元空間に一時的に連れて行き、誘拐された人は無事生還されたが、体が切り傷だらけになっていたそうだ。
　これらの重要証言は未確認動物調査駆け出し時期の筆者にとって、とても勇気付けられるものとなった。

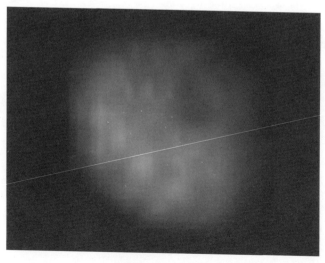

◆写真11－R◆

第12章　今後の調査について

　今回の調査のまとめから、未確認動物の河童の説明資料として、もう1つ2つ決定的な写真あるいはビデオが欲しいところだ。河童の実在が判明した以上筆者は継続して調査を続ける覚悟であるが、以前から論点となっている河童の種類と凶暴性の調査については、効率的に進めるため優先順位の上位に持ってくる必要があった。

●今後の調査目標

（1）河童には種類があるのか？
（2）河童は人や家畜を襲うか？
（3）尻子玉を抜くのは河童なのか？
（4）河童のオヘソは？
（5）河童の主食は？
（6）河童はＵＦＯに搭乗するのか？
（7）河童は宇宙人か？
（8）河童は進化で誕生した動物か？宇宙人などによる合成動物か？
（9）河童は言葉を喋れるのか？
（10）河童は異次元を行き来しているのか？
（11）河童は火の玉を操っているのか？
（12）天狗は実在するのか？
（13）天狗がいたとするなら、河童に含まれるのか？
（14）河童と天狗は別の動物なのか？

おわりに

　前回の『未確認飛行物体観測日記』につづき、今回は「未確認動物」をテーマに調査日記を書いてしまいました。調査回数を重ねる度に不思議な動物の資料が集まり、少しずつですが「未確認動物」の謎が紐解かれようとしています。

　本書に登場する未確認動物と未確認飛行物体の出現地域が何故か符合していたため、これらは最初から平行して調査を進めていたもので、関連性が見つかりしだい大々的に紹介しようと暖めていたものでもあったのです。

　これらの２つの接点を証明するものとして、ＵＦＯ内部から河童みたいな宇宙人が登場するシーンを思い浮かべてきた筆者ですが、どうやらＵＦＯという機械的な物体は自然界が作り出した物でも浮遊生物でもなく、どちらかというと機械的な人工物である。このような機械的なものと自然的、野性的なものが交わることは普通に考えてありえない話になるのですが、幾つかの点で共通するものも浮かび上がってきています。今筆者が注目しているのは一連の調査で河童という未知なる動物が謎の超常的な行動ができることと、ＵＦＯの性能と幾つかの点で共通していることです。もしかしてＵＦＯを作り搭乗している宇宙人たちは、一連の未確認動物という未知なる動物の謎の超常的な技術を応用し、機械的な技術に置き換えＵＦＯなる高度な機械を作り上げたのでは？　と考えるようになりました。そして、宇宙人たちはその技術の更なる向上を図っているかのように、河童に近い容姿のグレイタイプ動物を河童の出没

する水辺に派遣して、河童の謎の超常的な行動を命がけで調査しているのではないだろうか？

　今回までの未確認動物の河童調査において、あまりにも信じがたい不思議な情報ばかりで頭が混乱してしまいました。河童の調査が幾つかの超常現象に阻まれハードルが高くなってしまいましたが、今後の地道な調査でそれらを打破し、脱オカルトを目指し突き進んで行く構えです。

　本書で使用した未確認動物の写真についてですが、第3章で紹介したものは撮影後6年を経過した頃、ある夢を切っ掛けにお蔵入りを免れたものです。それは、全身真っ白で奇妙に太い鼻を持つ謎の動物たちが現れて、「公害のため健全に住めるところが段々失われてきている。助けて欲しい！」と涙ながらに訴えている夢でした。

　筆者はその夢のインパクトに胸騒ぎを覚え、一連の調査で撮影した写真の再確認を行い発見に至ったものです。

　最後に、本書に出てくるコードネームについてですが、「ドラちゃん」、「ノビタくん」、「カパットくん」、「山奥の姉さん」は調査中の未確認動物に付けた仮名称とお考えください。また、仮名称の可愛らしさに読者の多くが未確認の動物に対して愛着心をもって読まれることも期待しているのです。

2016年3月30日
宇宙・科学・超常現象研究家
　　宮本　一聖

おことわり

　本書で紹介している写真、画像、イメージ、資料は筆者オリジナルのもので、写真を使用したものについては「写真」と表記し、ビデオ画像を使用したものについては「画像」と表記し、地図やワープロ等で書いた表などは「資料」と表記し、写真や画像を使用しても手書きのものを含む場合はイメージと表記しています。

　本書は未知なるテーマを題材にした特殊性により、登場人物の名前や調査の場所の一部はシークレットにしております。今後、この地域が多くの人で賑わうことも予想され自然環境への配慮も必要なためです。

お願い

　もし、この本を読まれた方で身近に河童などを見かけたら故意に近づいたりはせず、遠くから優しく見守ってやってください。河童は危険動物扱いされていますが、何もしなければ人畜無害な動物です。万が一の事を考え、不必要に近寄ったり、触ったり捕まえたりしないでください。

引用文献

・「未確認飛行物体観測日記」発行所　㈱湘南社
・フリー百科事典『ウィキペディア（Wikipedia）』
・eblio 辞書

著者プロフィール

1963年、長崎県・五島列島生まれ。
1982年頃より、身近で起こっている「超常現象」の研究を始める。
2006年春、長崎県・五島列島で未確認動物の写真撮影に成功する。
2007年頃より、九州・長崎で起こっている未確認飛行物体出没の調査研究に本腰を入れる。平行して未確認動物の調査も始める。
2009年夏、日本サイ科学会　宇宙生命研究分科会　「第3回ＵＦＯ・オーブシンポジウム」にて、「ＵＦＯ・オーブ賞」を受賞する。
2010年、『未確認飛行物体観測日記』を出版。
2016年、『未確認動物調査日記　河童は実在した！』の出版にいたる。

『未確認動物調査日記 ―河童は実在した！―』

発　行	2016年7月25日　第一版発行
著　者	宮本一聖
発行者	田中康俊
発行所	株式会社　湘南社　http://shonansya.com
	神奈川県藤沢市片瀬海岸 3-24-10-108
	TEL 0466 － 26 － 0068
発売所	株式会社　星雲社
	東京都文京区大塚 3-21-10
	TEL 03 － 3947 － 1021
印刷所	モリモト印刷株式会社

©Issei Miyamoto 2016,Printed in Japan
ISBN978-4-434-22205-4　　C0044